雪佛告诉你，加薪20%的秘密

〔德〕博多·雪佛/著　周枫然/译

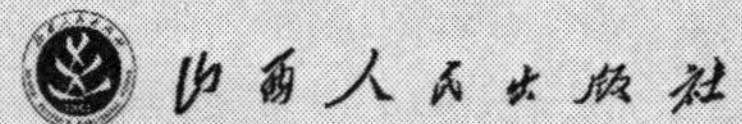

图书在版编目（CIP）数据

雪佛告诉你，加薪20%的秘密 /（德）博多·雪佛；周枫然译，—太原：山西人民出版社，2011.11
ISBN978-7-203-07477-9
I. ①雪… Ⅱ. ①雪… ②周…… Ⅲ. ①成功心理—通俗读物 Ⅳ. ①B848.4-49
中国版本图书馆CIP数据核字（2011）第220773号

版权合同登记号 图字：04—2011—040

雪佛告诉你，加薪20%的秘密

著　者：（德）博多　雪佛
译　者：周枫然
责任编辑：贺　权
装帧设计：蒋宏工作室

出 版 者：山西出版集团　山西人民出版社
地　址：太原市建设南路21号
邮　编：030012
发行营销：0351-4922220　4955996　4956039
　　　　　0351-4922127（传真）　4956038（邮购）
E-mail：sxskcb@163.com　发行部
　　　　sxskcb@126.com　总编室
网　址：www.sxskcb.com

经 销 者：山西出版集团　山西人民出版社
承 印 者：三河市航远印刷有限公司

开　本：880mm×1230mm　1/32
印　张：9.75
字　数：250千字
版　次：2012年1月第1版
印　次：2012年1月第1次印刷
书　号：ISBN 978-7-203-07477-9
定　价：32.00

如果印装质量问题请与本社联系调换

雄踞德国畅销书榜第1名

个人180周纪录上升中

畅销著作突破250万册　风靡畅销德，法，

美，台，全球读者热烈追捧

英国财经大报金融时报，德国最大报法兰克福广讯报、世界日报、南德日报，欧洲权威财经媒体资本杂志、经济周刊，全球赞誉不断。

理财专家雪佛是一个白手起家的致富典型例子。他变得富有是因为这一直是他的目标。雪佛对自己很满意，因为他成为了自己一直想成为的理财训练大师。

——英国《金融时报》

不被本书所激励的人，现在与未来都会是永远贫穷的人。

——德国《时代周报》

所有人都从最会赚钱的“仓鼠先生”——雪佛那里抄袭和照搬。

——德国第一大报《法兰克福广讯报》

大师雪佛的新书，不但给大众很多理财诀窍，还保证多赚20%，否则退钱。

——德国《焦点周刊》

雪佛指出，现在的危机，能带给你未来更多的机会。危机！让你赚更多钱！

———德国《新闻周刊》

前言
找出赚取高收入的关键

当你听到有人比你赚更多钱时，你的心里作何感想？

许多人会回答：“金钱并不代表一切。”没错，我们可以赋予成功不同的定义。我们的工作也有许多重要意义，例如稳定性、乐趣、可观的收入、声望、足够的休闲时间和才能的发挥。但哪个才是最重要的呢？答案是：每个都重要，而且我们可以同时拥有。

不过，只要我们按照学校里教的那套传统规则生活，这个目标便不可能实现。传统规则认为：稳定最为重要，大家必须在学校里努力学习并取得好成绩，才可能找到一份稳定的工作。结果工作的乐趣和意义，变得远不如责任感重要；履行义务，远不如稳定性重要；可观的收入，不如声望重要。要想赚得更多，每个人往往就必须长时间努力工作。如果我们知道了新的规则，一切就简单多了。我们已从工业时代跨入信息时代，工作成功的先决条件也起了变化；这一切不仅对薪水阶级有影响，对公司老板也如此。

这个变化，起源于一个早已存在的危机：许多人按照旧规则生活，而不可避免地遭遇失败。他们不是立即失去工作，而“只是”失去了能够和应该赚得的收入，因为他们觉得不该去赚；或者他们没有得到足够的肯定，和应从工作中得到的乐趣。即使他们有幸能够赚到“可观”的收入，也是牺牲了健康和休

闲时间换来的。总而言之，他们还是失败的，因为他们没有得到应有的生活质量。

当你按照新规则生活，新的时代会为你带来前所未有的契机：在人类历史上，你第一次有可能在工作中找到一切：稳定、乐趣、声望、足够的休闲时间、工作的意义和一份令你喜出望外的收入。你可以在几个月内多赚到20%，而在三年内多赚一倍，而且不用长时间辛苦地工作。

想让你的生活有一番成就，高收入会是个得力的助手，你的收入也是某种心理状态的测量仪。钱不是偶然进入我们的生活的，而是一种能量形式，当你在自己生活中真正重要的领域，投入愈多的能量，得到的收入也就愈多。这样一来，你的整体生活质量就会跟着改变。

本书的目的即在此——你可以从书里的诀窍中赚取可观的收入，但真正的目的是希望你得到更多的乐趣、过得更有意义，并在整体来说，得到更好的生活质量。因此，你收入的多寡就扮演着重要的角色。这本书不是要改变整个体系，我更希望让你可以自行练习，你会发觉，什么让你最快乐；我也会告诉你，如何找到做事的勇气。你会学到如何利用新规则显著地提高自己的收入，而不用辛苦并长时间工作。

你会立刻听到众多的异议："这行不通。""这只是空想。""在我的公司或这一行，是不可能的。"我建议你立刻仔细想想，是什么人在说这些话？你绝不会从成功快乐的人口中，听到这样的句子。提出这种异议的人，只是证明了他自己在工作中得不到乐趣，没有可观的收入，也没有很多休闲时间。记住，绝对别让任何人夺走你的勇气。

一位信仰虔诚的高官来到东弗里西亚（osfriesisch）的一个村庄，为了表示敬意，村民举行了射鸭活动。鸭子被扔到空中，猎人举枪射击，接着鸭子中弹落入池塘中。一位村民毫不犹豫地走向池塘，到达水边时，他仍继续向前走，越过水面，直到捡起鸭子，而他的脚却能未沾湿地回到岸上。那位高官大受感动，当同样的情况重复两次后，高官决定："这个我也可以，下一只鸭子我去取！"但当他试图走过水面时，却立刻沉入水中。就在他浑身湿透，爬出池塘时，一位东弗里西亚人悄悄地对另一人说："他的确信仰虔诚，只是不知道石头的位置……"

对许多人来说，一份高收入就像是在水面行走这种奇迹。藉由这个故事，我想指出两点，首先，这本书并不苟同"你无所不能"这样的论调，这在我看来既错误又危险。

其次，我想指出一定能让你成功赚取高收入的那些石头——即关键所在。只要你走上这条路，奇迹就可能出现。事实上，你只须认识关键的规则和策略，并加以转换，来赚取你觉得有价值的东西。

我完全相信你能做到！为什么我不认识你，却能如此断定？我认为，并不是我们找到了特定的书，而是那些书找到了我们。如果别人送你这本书，也是一样的道理。至少你会知道：真的有人关心你，而这或许是你现在读着本书的一个原因。关于这点，我深信不疑。神奇之处在于，把握这一刻，并且不对现在周遭环境给你的东西感到满足，让我们开始走上我们共同的路。

分析：了解你的收入状况

1. 你能用一句话描述自己的专长吗？

____

2. 你的优点是什么——你有什么与众不同之处？你能用一句话描述吗？

____

3. 你如何评价自己的收入？你赚到该得的收入了吗？

☐非常好 ☐差强人意
☐很好 ☐差
☐好 ☐很差
☐普通

4. 大多数人必须工作赚钱。你找到只须工作一次，便长期享有报酬的途径吗？

☐是 ☐否

5. 依赖你目前收入中多少比例，你就不必再工作？

☐ 0% ☐至 10% ☐至 25%
☐至 50% ☐至 75% ☐超过 75%

6. 你依靠自己的点子赚钱吗?

☐是　　　☐否

7. 你的专业水平有多高? 你的接任者需要多久时间，就可以熟悉你的工作?

☐一天　　☐一周　　☐ 30 天

☐至少 90 天　　☐至少 120 天

8. 你懂得如何让钱去赚钱吗? 你收入当中有多少比例是红利?

___________%

9. 你找到合法途径，不必再支付必须支付的税款吗?

☐从未想过　　　☐应该对此多关心一点

☐找到了好的办法

10. 你有一份固定工作收入，还是有多种收入来源? 各项收入来源占总收入的比重有多少?

来源一 _______% 来源二 _______% 来源三 _______%

来源四 _______% 来源五 _______%

11. 你最后一次发生严重的财务危机是在什么时候? 你如何估算自己的危机意识?

☐几乎不曾出现　　　☐风险不大的危机

☐风险会更高的危机　☐高风险的危机

12. 你每天花多少时间学习？

__________ 小时

13. 你有一位督促你事业的师父吗？

□是 □否

14. 你有明确计划，让自己的收入增加 20% 到 100% 吗？

□没有 □相当明确的想法

□有大概的想法 □精确的计划

15. 你自认为尽了多少心力在工作上？

□ 0 ~ 50% □至 95%

□ 50 ~ 70% □ 100%

□至 85% □超过 100%

16. 你的工作是否让你感到非常有趣？

□是 □否

17. 你知道自己的优点和缺点吗？

□是 □否

18. 你的工作能让你继续发展优点，并完全遮掩缺点吗？

□是 □ 否

19. 你花了多少的工作时间，真正从事有益收入增加的活动？

____________%

20. 你是否认为，收入的多寡很重要?

□是　　□否

21. 如果你的收入增加两倍，你的生活会受何影响?

____

____

22. 你每天至少用一小时来训练自己吗?

□是　　□否

企业家应自问的问题:

---

23. 你的公司解决什么问题会比其他公司更好? 为什么顾客要来你这里买东西?

____

____

24. 你的特定顾客对象是谁?

____

____

25. 你的使命和公司的使命是什么?

____

____

26. 你公司能提供给顾客最大的好处是什么? 顾客都知道

这一点吗?

____

27. 你有优秀的员工吗?

____

28. 如果你退出，你的公司还会继续运行吗？可以运行多久?

__________个月

我将要改变的是：

____

____

____

其中我首先要改变的：

1. ______________________________

2. ______________________________

3. ______________________________

目 录

第七章
争取加薪 20%

第八章
创造一个赚钱机器

第九章
将自己定位为专业人士

第一部
致富的基础原理

第一章
脱离仓鼠笼

富裕意味着，透过微小的努力便获得极大的成功；贫穷意味着，付出了大量的努力却只获得极小的收获。

——戴维（George David）

首先要告诉你一个好消息：赚钱是一种游戏。每个人都可以参加，且人人都能成功。你可以在十二个月内多赚20%，并让收入在三年内翻一倍！但也有一个坏消息：大多数人还不知道这个游戏规则。他们仍然遵循那些旧有、早已过时的规则，无论如何努力，依旧在原地踏步。只要知道规则，你就能够成功。

无论你赚多少钱，也无论你对自己的收入是否满意，总有些人的收入比你高得多，那些人的收入是你的两倍，甚至是十倍或者二十倍。这怎么可能？难道这些人比你聪明十倍，甚至二十倍？还是他们工作比你辛苦十倍或二十倍？当然不是。他们不过是比较知道如何玩这个金钱游戏，同时熟悉其中的游戏规则。本书就在处理这些规则：你会学到新的游戏规则，并获致成功。我不能断言，每个人都可以赚到难以想象的财富，但如果依循本书的规则，你会得到的绝佳结果，绝对比你不去做要好得多。

五种赚钱领域

赚钱的方法其实只有五种，你也可以轻易找出自己所在的领域，我们以星形图表呈现，请见图 1–1。

图 1–1 五种收入范畴

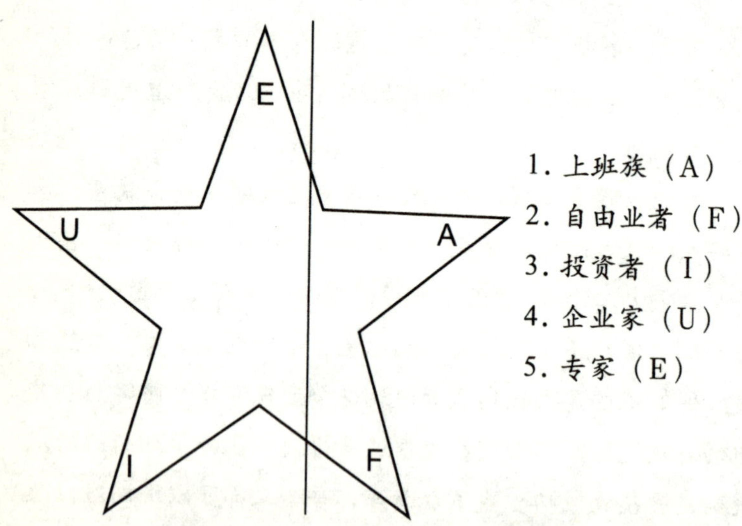

这个星形图表被切分成两个部分：有两种领域位于图表的右侧，另外三种位于左侧。对此，我希望你注意左右两侧的不

同之处：

1. **学校几乎只为右侧准备。**我们学习如何做个优秀的上班族或自由业者，但我们并不知道如何成为成功的投资者、企业家或专家。

2. **左侧比右侧赚取更多财富。**例如，企业家的每月平均收入，约为上班族的五倍。投资者能够让钱滚钱，而专家靠着他们的特殊地位获得诸多肯定，且更容易得到满足，并且比那些不知道如何成为专家的人，赚取更多倍的收入。

财富都被企业家、投资者及专家拿走

没有“最好的领域”，每个领域都各有利弊。最后你选择了哪个领域，是取决于你的优缺点、你的危机意识，以及你的人格和目标。

不管你位于哪一领域，你在那里就是最重要的，你可以感到满意，获得更高的收入。每个村庄、城市和民族，都需要星形图表两侧的人。在学校里，我们学习如何成为优秀的上班族和自由业者。我们为工作做准备，从中获得快乐，感受其重要性，例如：警察、医生、消防队员、技工、会计、厨师、护士、教师等。我们的学校也以此方式，为保存我们的文化做出重要贡献。然而重要的是，你是自觉地选择星形图表里的某一个领域，而不应该是，你在一个不适合自己的领域中工作一辈子，只是因为“别人都这样做”。

在工业国家，每一个投资者、企业家和专家，都拥有至

少十二个上班族和自由业者为他们工作。如果要让星形图表两侧的人，拥有相同的财富和收入，那么一般上班族和自由业者，就必须拥有企业家、投资者和专家收入十二倍的金钱。但实际情况完全不同，德国联邦政府最近的一项调查显示，德国50%的家庭，只拥有全国4.5%的财富（中国收入分配与贫困研究中心调查数据显示，当前收入最高10%人群和收入最低10%人群的收入差距，已从1988年的7.3倍上升到2007年的23倍）。

贫富差距已经愈来愈大。经济学家估计，五年后只有一半人的工作是属于企业核心业务，这些人可以得到双倍的收入，创造出三倍的效能（图1–2）。我们会立刻出现一个疑问：为什么这些人能赚到这么多钱？答案是，因为他们思考方式完全不同，而且依循完全不同的游戏规则。

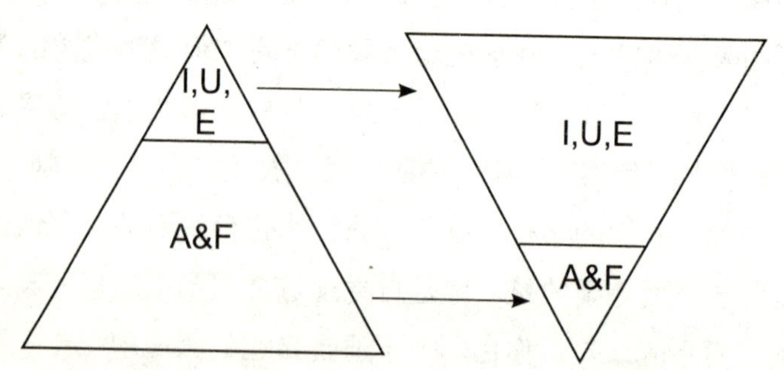

图 1–2 星型图左右两侧人数和财富的对比

三种方法让自己赚更多

本书的重点在于，你要如何赚更多的钱。对此，我们得先下定义，收入到底是什么？简单的定义是，所有进来的金钱都是收入。关键在于，你每个月能支配的钱有多少。无论这些钱来自你的工作、副业，或独立工作，都没关系。你也可以压根不用工作就能赚钱，例如当个投资者。用美国人的话来说，就是去“制造钱”（to make money）。

有三种方法，能让你获得更高的收入：

1. 在一个工作领域中获取更多收入。对此，你会得到很多诀窍。依据我在许多课堂上的经验，我知道，如果你守着一个有效的诀窍，你在一年内最少能多增加20％的收入，甚至三个月内就可以见效！

2. 从其他领域中获取额外的财富。不是每个人都愿意、或有能力，离开星形图表的右侧。但每个人都可以学着在上班族或自由职业以外，当个投资者去赚取额外的收入。特别是，上班族或自由工作者可以学着当个专家，因为专家可以赚到可观的收入。

3. 大幅从星形图表右侧跳到左侧。完全转换领域，自然

可以获得最佳的收入，但要付出的代价也是无比昂贵。重点在于，了解星形图表左侧的人有何成功秘诀。

如果你已经是一位企业家或是自行开业者，你虽然不需要转换领域，但仍然能够创造飞跃一般的实质成长，并透过本书的帮助，显著改善自己的事业。上述三个方法是你无法从学校中学到的。在学校表现良好当然重要，但如果我们想赚更多钱，还得在社会上精明能干。而社会经验不是学院的课程，也不完全有逻辑可循。

当然，投资者、企业家或专家有固定的方针可循，但常被忽视，导致很多的投资者和企业家，不得不忍受自己领域中的缺陷。我们会在书中指出，他们必须要注意哪种方针。在欧洲，专家的定位几乎没有人知道。每当我问别人关于定位这个问题时，得到的都是荒诞离奇的答案，也因此专家才占有优势。因此，本书的一个重点在于，你要如何成为一名专家。你会发现，如果身为专家，你的收入会增加100%或200%，甚至更多！而且成为专家也有一项明确的方针。

我们多是原地跑步的仓鼠

让我们先看看，这片土地上大多数人的实际生活到底如何？数百万人由于经济困难，夜里辗转反侧，他们每天早上起床上班，希望能够尽快赚到足够的钱，付清所有账单。而他们一旦多赚了点钱，马上转身就又被拿走了，使得问题往往变得更加严重。

唯一的解决方案，显然就是更努力工作，希望可以赚到更多的钱。但生活水平和收入同时平行上扬，支付的义务也跟着增加，人们必须不断更加辛苦和花更长时间工作，以维持生活水平，并支付账单和税款。这些人就像仓鼠笼里的仓鼠：不管如何努力，还是无法前进。倘若一直待在仓鼠笼里，无论如何辛苦工作，仍然只会停留在原地。

一整年只有半年是真正替自己赚钱

国家尽可能在处罚努力工作的人，因为你赚得愈多，国家就透过税收和社会保险的形式，从你手中拿走愈多。每位市民

平均每年工作超过两百天，只是在为国家工作——直到第七个月底，才开始真正为自己赚钱。在仓鼠笼里的许多人都是上班族，他们总觉得，从来没有“为自己”工作，而老是在为别人赚钱。身为上班族，他们工作是为了让自己的老板更有钱；身为纳税人，他们工作是为了让政府更有钱；身为负债者，他们让银行更有钱；身为消费者，他们让其他的企业家更有钱。

自由业者起先也处在同一个仓鼠笼里，但还有其他因素，常常让他们更不自由。他们一切都得靠自己，是不可或缺的角色。如果医生、律师或建筑师几个星期不工作，那么基本上我们整个社会是没有体系可以代替这些空缺的，因为病人、客户和委托人往往完全依赖这群专业人士。自由业者本身就是一个体系。这样一来，他们更容易成为自己工作的奴隶。矛盾之处在于：他们工作愈辛苦，获得的成功愈多，体系也就愈庞大，因此负担也就愈来愈重。

投资者也无法幸免。许多人虽然强调他们会把钱拿去投资，但实际情况是，多数人有更多支付义务（债务和抵押贷款），而不是财产。他们得为这些义务支付6%到10%的利息，而只能从自己的财产中得到2%到5%的利息，这一点微薄的利润，还必须和国税局分享。

有时，这些“投资者”会冒险投资证券，但多数结果无法令人满意，因为他们不知道该买什么，也不知道该在什么时候买进和卖出。等到亏损之后，他们又回到“保守”的投资中。仓鼠笼就守候在一旁：税金和通货膨胀吞掉了微薄的利润，“投资者”原地踏步。如果他还有债务，并且支付的利息比他存款所得的利息还高，那么他最后的收入便成了负数。这样的人就像处在向下的手扶梯上，虽然努力想往上跑，却不断下降。这个体系处处与他作对——因为他不知道规则。

很多“企业家”的情况也类似。他们虽然自称为企业家，但行事却完全是另一回事；与其说是企业家，其实更像是员工。虽然他们为自己工作，但身为雇主，他们对自己的要求反而更严格。他们工作的时间更长，也更加辛苦。当然，在自己公司上班再正常不过；但身为企业家，除了在刚开始的营运阶段，否则不该被日常业务吞没。他应该创造一个体系为他工作。

如此就进到了第二个重点：许多企业家都没有创造出一个即使没有他们也会自动运转的体系。只要公司里没有这种体系，这些人就没有自由，如果一个人不能抽离某个体系，那就必须靠自己的劳力来弥补。许多家庭企业缺乏的正是这一点。他们没有自由支配的时间，彻彻底底被自己的业务束缚住，而且如果有员工离开，他们又没有找到替代人选时，就要做两人份的工作；这完全和乐在工作的想法不符。每个会做菜的人，其实都能做出比麦当劳可口的食物，甚至更健康的食物。但谁能像麦当劳一样，创造出这样一个体系？最后的结果是，许多企业家也没有安排好退出策略，因此多半无法在市场上卖掉自己的企业，或得不到一个合理的价格。一家卖不出去的企业不属于拥有者，反而是拥有者隶属于这家企业。

整天工作的人没有时间赚钱

要让星形图表里所有领域的人都能赚取更高收入，关键在于成为专家。不知道或不会运用这项规则的人，会逐渐失去生命中最真实的感觉。这样的人只能获得收入中的一小部分，并常常在最低维生条件的边缘搏斗，而不是享受可以过的富裕生活。

不管你在哪个领域中工作，都可以在第九章找到成为专家的指南，这也是我多年来在课堂上不断谈到的题目。我们常常见到，参加者在采用这些基本原理的经验谈之后，有人在两年内让自己的收入增加三倍，而他们经常是前几年在仓鼠笼里原地踏步的人。

爱批评的记者有时怀疑地问我："雪佛先生，你所说的一切，果真是那样吗？"此时我会邀请他们到我的签名会上，在我身旁多待一会儿。那是令人激动的一刻，因为很多读者会告诉我，他们如何按照我的点子和策略工作。这些神奇的经验，也能让我获得更多的激励，而在一边旁听的记者们，再也没有其他问题了。

还记得机场里的输送带吗？走在上面，你就可以轻松超越那些走在输送带旁的人。你现在是位于能以双倍速度带你到目标的输送带上，还是你正待着的仓鼠笼里？

问题是，待在仓鼠笼里的人，往往会忙到认不出自己的处境。旁观者可以很快地看清楚这个情境，但仓鼠只能不停地跑。我们需要时间分析自己的情况，迈出重要的一步。我们想得愈多，赚的钱也就愈多。所以洛克菲勒(John D. Rockefeller)说：“整天工作的人，没有时间赚钱。”

仓鼠笼的现象是否有一部分发生在你身上？那么就欢迎你来到我们的俱乐部。我自己也在笼中度过了好几年。在二十六岁时，我非常倒霉得了胃病，我的自信逐步瓦解，也看不到任何希望。在这种情形下，我很幸运地认识了我的第一个师父，他为我指出一条成功致富之路。

今天，我正好生活在这种不自由生活的另一面：夏天时，我住在马约卡（Mallorca）写作、读书，其他时间，我在各地旅行，从事我的第二项爱好：演讲。此外，我遇到许多过去钦羡的幸福和成功人士，和他们谈话，多有启发。我现在的八家公司和企业投资，从不会占用我的休闲时间，反而给了我更多休闲时间。我还有至少六种以上的收入来源（顾问报酬、投资红利、作者稿酬、演讲稿酬、不同公司的红利股息等），每一项都可以维持我的生活。

我是怎么做到的？首先，我认出自己是蹲坐在仓鼠笼里。先是诊断，然后是药方。之后在师父帮助下，我花了一段时间，改变自己的思维方式：其实富人的思考方式和我们不一样。我学会了新的规则，且加以采用，然后找到自己的典范，并发现他们都依照这种新的规则在生活。我也学到能让收入大幅倍增的技巧和策略，但是刚开始时，并不是很轻松。

有钱人想的和你不一样

你想在三年内的每个月赚到多少收入？当我的师父在数年前问我这个问题时，我一时间答不上来。我当时二十六岁，身无分文。我更感兴趣的其实是，在接下来的几个星期，我能赚到多少钱。但当时我正在和自己想请教的师父第一次谈话，我必须回答他的问题，也要向他证明，我是值得教导的人。

于是我回答："15 000 美元。"（原文以马克为货币单位，但德国马克已于 2002 年 7 月 1 日退出了历史舞台。书中将改以美元为货币单位。）这是一个我想都不敢想的数目，而且我根本不知道要怎么做，才能每个月赚到这么多钱，我只是想让这个人印象深刻。但我失败了，因为他回答："我没有兴趣教导只有这么一点目标的人。我给你最后一次机会，回答这个问题：你想在未来三年内的每个月赚多少钱？"

我以为自己听错了。15 000 美元可不少，不只是"这么一点目标"。但我相信这个人胜过相信自己，于是我努力思索，一个人每个月能赚多少钱，然后我又说，那就 26 000 到 34 000 美元之间吧。我的师父微笑地建议我："那我们订四万美元吧，这是个整数。"我必须记下这笔数目。

写下疯狂的目标

我想问你同样的问题："你想在三年内的每个月赚到多少收入？"要回答这个问题，你有两种思考方式。第一种方式是，你可以审视自己的学历、能力，以及你目前的情况。接着你根据自己的分析，考虑什么才是可行的，然后以自己的能力来设定目标。我们在学校里学会这样计划，但这种方式有个危险，改变不了太多，一切只会停留在原处。

然而杰出的成功人士做法截然不同。他们根本不看自己的能力，而是设定特定的愿景。他们描绘出自己想要达到的目标，然后再考虑自己必须成为哪种人，好实现愿景。成功人士看着自己的目标，无视目前的情况。他们知道，可以将目标转向自己，我们只要站着不动就行。然而，我们也可以将自己转向目标，也就是我们必须成长。　在本书里，我将为你指出这两条"可行的路"——你如何在一年内多赚 20 %，以及获取可观收入的可能性。当你认识了这两条路，并知道该付出哪种代价时，你才可以正确选择。我现在要重复先前的那个问题：你希望在未来三年内的每个月赚多少钱？

____________________元。

恭喜！你做了个疯狂的决定。这个不寻常的"疯狂"想法，能让你从普通人当中脱颖而出。如果你做大家都做的事，得到的也是大家都拥有的。你记下这个数字了吗？如果没有写下来，那就不要继续读下去。你会惊讶，这本书彻底改变了你对于收入和目标的看法。之后当你再次回顾这个梦寐以求的收入，你将会感到万分惊讶。

重点在于理财智慧

我把四万美元写下来以后，我的师父要求我把这个数字划掉，再乘以二。

我必须写下：“我三年后每个月最少可以赚到八万美元。”我的手在发抖，师父向我道贺：“恭喜你，你现在有了目标。”可是，我当时并没有感觉自己正在写下目标。对于这个目标，我甚至感到特别不舒服。我试图修改这个数字，我说：“我不需要这么多钱，这对于我来说，也不完全是件好事。”

“现在的你的确不知道需要多少。”师父回答我，接着又说：“其实这和八万美元根本无关。这个数目只是一个标记，用来检验你是否真的达到目标。这和个人更有关系，重要的是，在这个过程中，你将变成什么样的人。”

这些话，让我有所改变：我想成为特别的人，我想要做到意志坚毅。之后他还说了一句话，至今依然激励着我：“生命太短促，不该微不足道。”

师父的这句话，并不在它的外在意义，也就是其他人眼中“重要”的东西。他更在意的是，我会去做对自己重要的事（内在意义），也就是能实现自我，并能从中学习。他常说：“我们并不是要拥有百万美元，而是要成为百万富翁。这涉及理财的智慧。金钱来来去去，如果有了理财的智慧，或是知道金钱和收入的运作方式，就可以不断地在短时间内累积财富。”我那时还无法想象，如何在一个月内赚进八万美元，这对我来说，就是个奇迹。以我当时的收入来说，必须翻倍五次，才能达成。事实上，我花了两年半的时间，才终于达到目标。现在回顾起来，根本算不上是个奇迹，毕竟我努力工作，并知道自己做了什么。

追求成功要即知即行

如果从技巧开始谈，并不特别有意义，关键并不在于收入多寡，更重要的是，你会感到快乐满足。因此我们得先澄清几个基本问题：

首先，你要确定的是，自己是否选择了正确的领域。为什么有这么多人待在仓鼠笼里？关键原因在于他们思考的方式：是学校的知识占了上风，还是社会经验？我们会在第二章谈到。第二个原因则是，他们仍依照旧的规则生活。

在第三章，你会发现为获取最高收入所定下的新规则。接着在第四章，我们会评估各个工作领域的优缺点，好让你选定目前最适合自己的工作。而在第五章，你会看到，乐在工作何等重要。你应该经常保持高昂的斗志——这样你的目标、梦想、感觉和能力都会和谐一致。在这种高昂状态下，你会感到莫大

的快乐，并达到非凡的成就。

接着我们就能探究那个关键的问题：你发现自己的热情与兴趣了吗？如果没有的话，第六章里会有指南，告诉你如何找到。到此为止，你还没赚到更多钱，但会感觉非常棒。你已完成了本书实用部分的基础：现在我们来谈些技巧性的诀窍、策略和详细的指南。现在收入可以泉涌而出了。第七章提供许多在你自行选择的领域内增加收入的可能性。你在此章也会有个详细的指南，教你如何增加自己的薪资。

第八章为投资者指出为你赚钱的途径。最后，你会在第九章里获得一份成为专家的手册，里头有许多实际例子。如果你用了各章提供的有效诀窍，你的收入将会大幅成长，你可能会对一切感到惊讶。当然，这和一些思考方式及工作态度密不可分。但好消息是，每个人都有可能成功。

第十章处理企业家应该注意的基本原理，以建立有效并能获利的企业。如果你第一次从星形图表“安全”的右侧转换到左侧，那么你将在此章学到必须注意的几件事。此外，无论获致何种成功，都不要忘记其他人。在第十一章，我们会赋予星形图表其他意义，我们不是只思考如何获得更多，就“到此为止”，而是思考如何付出更多。我们不该忘记的是，付出和收获是相辅相成的。如果你想让自己的收入倍增，绝不可以牺牲你的休闲时间，这算不上是真正的成功。因此你必须阅读第十二章，知道如何兼顾休闲时间和工作；你可以同时享有高收入和许多休闲时间。

一个重要建议

请不要把本书搁在书架上，这样你的收入不会倍增，而光是阅读，也不会带来改变，你必须行动。只知道如何做是不够的，你必须像音乐家或运动员那样，不断实践你学到的理论。一本书只读一次，就希望能改变生活，无疑就像只吃一顿饭就想永远不饿一样。我建议你在阅读时，不断问自己两个问题：

什么对我有益？
我如何立刻行动？

亚里士多德（Aristotle）说过："有些事，在做之前，必须学习；而我们在学习的同时，也正在做这些事。"别再等"恰当的时机"，最好的时机就是现在。请立刻开始付诸行动。最好手上拿支笔，画出重点，写下注记，这样才能把这本书变成你的书。知道正确的事却不做，就是胆怯。动手吧！关于收入这个题目最美好的地方，就在于你随时可以检测自己的成功。为什么你会放弃梦想，其实只有一个答案：你心中的恶魔，战胜了天使。这个情况，你绝不能让它发生。

第二章
学校智慧和社会经验

教育必须彻底改变，因为人类的思考方式，只能透过学习方式和学习思考方式的解放而改变。

——管理大师彼得斯（Tom Peters）

你已经在第一章写下，三年后你每个月想要赚进多少钱，现在我们要想想，你是否也准备好要付出必要的代价。大多数人只想得到报酬、想要无拘无束，却忽略了一点：自由不是没有代价的。只有准备好付出代价的人，才会拥有自由。

你写下的数目愈大，需要付出的代价就愈高。关于这个代价的两个层面，我们会详细说明：

1. 你将承担的风险。

2. 你需要的知识。

这两点，正好就是星形图表左侧的多数人和右侧人的差异所在：承担风险和终身学习。如果不能承担风险，你在图表左侧就赚不到钱；没有真正的知识，专家就只是个小丑，而企业家就只是个可能破产的人，投资者则只是个业余的赌徒。因此，我想在这里清楚地表达：如果你真的想要赚钱致富，你就必须准备去承担风险，并且要不断地学习和成长。

图 2–1 星型图两侧自由与代价的不同

说明：

- 更多钱
- 更多休闲时间
- 更稳定
- 充满责任

说明：

- 舒适的生活
- 较小的风险
- 不断地学习和成长
- 推卸责任

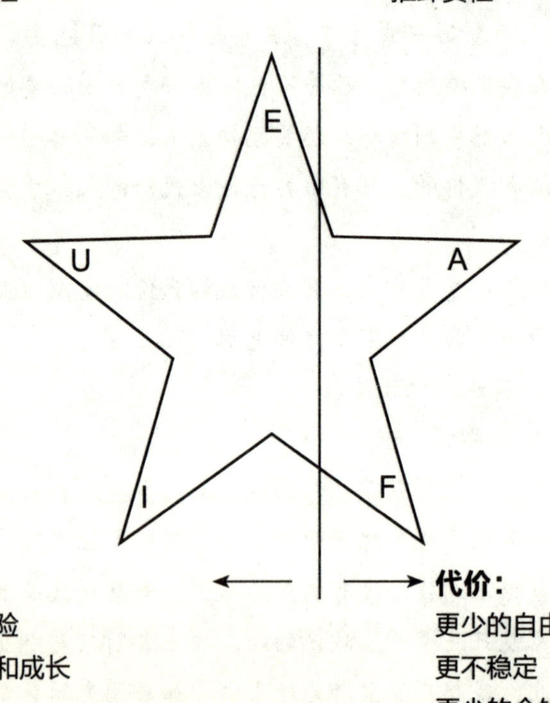

代价：

更多的风险

不断学习和成长

代价：

更少的自由

更不稳定

更少的金钱

大楼愈高，地基就必须愈深

如果按照本书的方法去做，你会获得梦寐以求的收入，甚至超出预期。但在进入第二部有关技巧、策略和点子之前，我想邀你绕过两条路。有时候，绕路会节省时间——在这里也如此。这两条路不仅带你更快达到目标，你也必须靠它们才可能获得高收入。

如果忽略了你所采取的行动及作法，根本不合你的个性，那么想快速赚钱致富，也就失去了意义，你反而有可能因此提前达成错误的目标。所以我们首先要思索的是，高收入的两大重要前提。

1. 你采用什么思考方式？你的特质和目前所处的工作领域相符吗？能在工作中享受自己的价值吗？可以转换自己的梦想和目标吗？

2. 你的兴趣和工作相符吗？你做的是自己喜欢的事吗？或是你所做的事能让你感到无比满足吗？

只有当你对以上两大前提都了然于胸，才能创造出获得最终成功的基础。收入就像一幢大厦：你想盖的大楼愈高，地基就必须愈深。所以，你需要多想想自己的思考方式和兴趣。

当我的师父提到这个想法时，我当时非常不耐烦。我只想知道如何让收入尽快倍增，但师父却靠着他的教法为我打下一个关键基础。对每个人来说，成功、幸福和满足的意义各有差异，因此我们碰到一个重要的悖论：在这本书中，先是不断提到赚钱，好像这样就能获得幸福。然而重要的是，你必须先改变自己的思考方式，并使自己满怀热情，之后幸福和金钱便会自动到来。以下的寓言，阐明了这个问题：

两只猫碰在一起。一只说："我曾经在猫的哲学院学习，我学到幸福是最重要的，而且就藏在我们的尾巴里。每当我追着尾巴跑，我就离幸福愈近。"

第二只猫回答："我不像你这么聪明，也没有在哲学院待过。但你说得对，对我们来说，幸福是最重要的，而且就藏在我们的尾巴里。但生命教了我其他东西：如果我做的是自己喜欢的事，那么隐藏在尾巴里的幸福就会随之而来。"

决心辞去自己不热爱的工作

我曾经提过，我也曾在仓鼠笼里有段潦倒的日子，所以我为自己找了一位师父，希望得到他的帮助，但是却又希望按照自己的方式来做。其实我只想学会如何能跑快一点，但我的师父并不随我起舞。他常说："你的思考方式把你带到今天的地步，因此同样的思考方式不可能让你成为你想成为的人。"

在我们第一次谈话中，我的师父问了我第二个问题："雪佛先生，你热爱自己的工作吗？"

我那时虽然还是学生，但已有两家公司，只是并不特别顺遂。所以我还有另一份工作，在一家保险公司任职，并有一个“稳定”的基本收入。我并不特别喜欢这份工作，更谈不上“热爱”，因此我据实回答：“不热爱。”

“那为什么你要做这份你不热爱的工作？”他问我。

我答道：“因为我必须赚钱。”

师父肯定地说：“这个理由不够充分。你应该只做自己热爱的事。马上辞掉这份工作！”

我觉得双腿发软，我不可能放弃最后的保障，因此我说：“如果我现在辞掉工作，那么我下个月的房租就没着落了。”

师父用一种相当强硬而果决的口吻说：“我不会和那些向我征询意见，却又不接受意见的人讨论。我现在给你三十分钟，让你坐在我的办公室外面，写一份辞呈，然后我们马上传真出去，这样你就不会突然反悔。如果你不想辞掉这份工作，那么就另请高明。”我坐在办公室外，浑身冒汗。无论如何，我都想从这个人身上学习，但是要我辞掉自己的工作，那简直是疯了。出于一种我无法解释的原因，我在半小时期限的最后两分钟，迅速写好辞呈，交给师父。他立刻把辞呈传真给我工作的保险公司。

在困顿中领悟

这并不是一个成功故事的开始。首先，我遭遇到更多的问题，辞掉工作后的那两三个月，我根本没有钱，那是我生命中

最艰苦的时期，当时的情况真的非常糟糕。

好几次我想再找一份新工作，但终究没有这么做。那段时间里，我明白星形图表有两个部分，而我是属于左侧的。我知道初期会非常困难，但无论如何，我不想再回到右侧去，我的生命里将不再有任何老板。因此对我来说，目前的凄惨处境和自由快乐的生活相比，就显得无关紧要了。不把时间投入工作后，我紧缩开支，并且更懂得利用时间学习。

说来很容易，但并非如此。整整两年中，我不停怀疑，不知道自己是否做对了决定。每次失败，我都会归咎于命运，因此我必须先努力学习的是，面对问题和重新出击。幸好，我的师父就在身旁，一步步教我成功人士生活的法则。

守得云开见月明

我的家人当然无法理解我的行径。那些一辈子寻找稳定的人，当然会阻止我往疯狂之路前进。

那时我还很软弱，无法和母亲好好坐下来讨论。于是我向她提议，三年内不要谈论这个话题。我们之后会看到，我是否做了正确的决定。除了一、两次例外，她倒是坚守住协议。不过在约定时间结束前，我就已经每个月赚超过八万美元，因此也就不再有必要进行讨论。我并不想对这方式大作文章，我甚至要强烈警告你：这条路并不适合每个人。但对我来说，这刚好是正确的，也是我工作生涯中最重要的决定。

当时我经常问自己："为什么我的师父不帮我？为什么他不扶我一把？"他虽然给我建议，但他也说："我能为你指出一条路，但是这条路必须由你自己去走。"如果他当时帮了我，那么我今日就不会如此独立。我在人生中学到了一课，我知道

从那时起，我再次爬出了一个深渊。如果我有目标，便能严格要求自己，因为总会找到出路。

如果我跌到，就再站起来；如果错了也无所谓，因为我会从错误中学习。就算当时我几度想逃跑，大声哀号，我还是非常感谢师父。唯有战胜困难时期，才能创造出自信并知道自己的力量所在。有些人像日晷——只在太阳照耀时才会发挥作用。但阳光不会一直灿烂，天气也会转阴，甚至狂风暴雨。重要的是，我知道不论发生什么事，我都能应付。我说这些是要鼓励你：不要逃避困难时期，更不要放弃！只有在这种时期中，你才能替未来打下基础。

透过学习证明自己的存在

大多数穷人或中产阶级，都希望拥有富人的一切。他们想开昂贵的汽车，享受豪华的旅行，拥有漂亮家具和许多休闲时间；许多人甚至想从事所费不赀的嗜好，如网球和高尔夫球。但他们并不想像有钱人那样，也不想做有钱人做的事。富兰克林（Benjamin Franklin）曾说："当穷人想模仿有钱人时，就像青蛙鼓起肚子和公牛比大小一样愚蠢。"

为了拥有同样的物质享受，穷人和中产阶级多半只知道两条路：更加努力工作，或是去贷款。社会给了我们一个坏榜样，制造出新的贪欲。大家总想更像有钱人，却选择了一条错误的途径去达成：大家想透过拥有来证明自己的存在。因此，总有更多的人身陷在仓鼠笼里。

正确的途径是，你得先严格要求自己，并不断学习，好证明自己的存在。如果我们成了特别的人，发展出坚定的价值观和人格特质，那么我们就能做正确的事，接着便能拥有梦想中的东西。对大多数人来说，这条路并不好走，而他们也不愿意付出这个代价。

我们努力学习数学,却没有学到许多关于金钱的实际问题。多数的父母也仍然强调，孩子是为了生活而学习，而非为了应付学校。学校教孩子为金钱而工作，在他人身上寻求保障，却不解释并说明如何处理金钱，以及如何在自己身上寻求保障。

思考方式决定你的一生

我发现一些让人着迷的东西：在星形图表某个领域中的人，思考方式和其他领域的人有显著不同，他们对风险、教育、保障、满足、自由、收入和责任的看法，全然不同；尤其是星形图表左侧和右侧两者之间的差异，特别巨大。他们看法不同，几乎无法理解彼此的想法，各自有自己的真理和哲学，一边往往会看不到另一边的“现实情况”，因而会出现不同的意见和争执。

本书不会告诉你哪一种思考方式是“正确的”，你得自行决定，哪一种思考方式对自己有帮助。关键在于：用哪一种哲

学，能让你更轻松地达到目标？一旦你选择了某种思考方式，其他一切几乎就会跟着水到渠成。

在接下来的篇幅，你会获得不同思考方式的概括轮廓。而在第三章和第四章，我们会详细描述个别领域的优缺点。在此之前，请再次确认你自己的思考方式，是更适合星形图表左侧，还是右侧？你的思维更像个上班族／自由业者，还是像投资者／企业家／专家？请再自问：如果你维持现有的思考方式，你能达到自己的人生目标吗？

该向谁学习？

投资者、企业家和专家的思考方式，和学校所教的显然不同。如果他们不是从学校中习得他们的思考方式，那是在哪里？答案是，在通往他们目标的路上。这些思考方式来自他们的榜样，特别来自犯错和私人师父；他们透过尝试和试验，并因此获得更丰富的社会经验。

金钱及收入和思考方式有关。我的父母是学校智慧的坚定拥护者，我的师父则用社会经验思考，他没有大学文凭，也没有受过值得一提的学校教育。刚开始时，我很难跟随师父的理念，因为父母和学校对我影响太大，超过我的想象。我十三岁时，父亲去世，但母亲把她和父亲的“哲学”总结如下：

“你必须在学校里勤奋学习，才能找到好工作。”

“你不许犯错。”

“别冒风险。”

“在稳定的工作中找到保障，顺顺利利。”

我的师父则说：

“自己想成为哪种人，就从那种人那里学习。”

“犯错是好事。从错误中或许可以学到东西，但从成功里学不到。”

“不冒风险的人，什么都做不了，一无所有，也一无是处。”

“除了自己利用机会的能力外，没有任何东西是有保障的。”

师父问我有多少钱，我回答自己一无所有、一贫如洗。“你是没钱，但不是贫穷！”他反驳道。之后他对我解释，没钱与贫穷之间的差别，一个是暂时的，一个是持续性的。对我来说，这个差异很强烈，因为我已开始满足于当一个经济上的失败者。

在我决定开始定期向师父请益时，必须很快做个选择，因为他对我的教导，和我母亲及亲戚的理念南辕北辙。我母亲说：“我负担不起。”师父教我自问：“要如何才能负担得起？”家人寻找“他们的权利”；师父则说，先看到义务。家人相信社会及国家的成就，他们深信：“我们理应得到帮助，毕竟我们曾为国家辛勤工作过。”师父则反对这种“理应享有的心态”。他认为，这会导致经济上的依赖，并让人甘于软弱。他相信责任原则，但他想的是如何帮助别人，而不是谁该来帮他。

家人相信，金钱并不重要。师父则说：“金钱给予我们选择的可能和自由。”小时候，我常听到：“金钱是万恶之源。”师父认为：“想要富有，却没有钱，是件坏事。”

多数的人从父母那里学到处理金钱的方式，但如果父母自

己都担心没钱，又能对孩子们说些什么？他们只会重复着一般的建议："努力学习，得到好成绩，找份好工作。"师父不相信好工作带来的保障，他说："开发经济头脑，学习创造工作。"想法真的完全不同。不久之前，我仍然只想找份稳定的工作；但师父说，我应该自己创造工作。这完全改变了我的观点。

当然，当家人看到我的改变时，非常担心。母亲问我："你父亲是个拥有博士头衔的律师，你的老师有什么？"

想了一会后，我反驳道："他有钱、又很快乐，并有很多的休闲时间。"

学校教育老在帮倒忙

除了家庭的教育之外，我们的学校体系，也似乎想竭尽一切教导孩子们过去的事情，而不是教大家如何替自己的将来预做准备。学校应该少一点灌输，多一些培养。不具启发的知识是没有多大价值的，我们的孩子不该被塑造成数据库。学生往往就像计算机硬盘，不知该如何处理所有信息，但学校仍无止境地把各种信息填入孩子的大脑，他们根本不知道该如何运用这些信息。然后我们还振振有词地说："你不是为了学校而学习，你是为了生活。"

我们应该教育孩子发展自己的长处，为从事自己喜欢的工作做好准备；他们应该早点认识到星形图表的左侧。然而让人震惊的是，学校的教育早该改善，但当局却不做重要的改革，而只进行让人质疑的拼音改革（从一九九二年开始，在德国境内推行标准拼音写法，改掉德文中的变声元音，如O、A、U，及其他特殊字母）。

很多人对于自己的处境充满希望。从某些方面来说，或许他们是对的。但是，因为我们都加入了一场巨大的游戏，只要我们不清楚游戏的规则，我们就注定赢不了。了解这项规则，一路遵循，就能持续成为赢家，收入也会持续增加。

我们早已不在工业时代，而进入了信息时代。社会体系已经完全改变，新机会出现，但也伴随新的危机。新体系中也出现了新的规则，旧规则不再适用。可是学校和多数家长仍以旧规则来教导孩子，他们认为这是好的，但常常帮了倒忙。想按照旧规则生活的人，就无法适应现今的社会。

第三章
十二条致富新规则

我们生活在这样一个时代里，那些我们曾认为理所当然的东西，现已行不通了。

——企管大师韩第（Charles Handy）

科学家把老鼠放到一个连接无数通道的空间里，其中只有一个通道放有食物。饥饿的老鼠在这个空间里待不住，开始迅速地查看这些通道，它们不停寻找，直到找到食物所在的通道为止。接下来几天，当老鼠们再次被放到这个空间时，便直接跑向有食物的那个通道。过了几天，科学家把食物放到另一个通道。老鼠们如往常一样，跑去那个熟悉的通道。你认为它们在那里找不到任何东西，会怎么办？老鼠们会生气地坐在那里，抱怨这突然的变化，还是会立刻继续寻找？结果当然是后者。

人比老鼠聪明多了，不是吗？你认识多少在通道内找不到任何东西，而感到被骗，然后就什么也不做的人？很遗憾的是，大多数人在面临改变时，虽然都希望能度过难关，却几乎什么也不做。而另一些人，则是把时间浪费在相对来说毫无意义的东西上，像写大量的求职信，或跑去劳工局求助。两者都很辛苦，且成效甚微。这时寻找新的出路和可能性，不是更加明智吗？你需要一条在新时代引导你走向成功的新路。

新时代已经开始

在几十年前，或许还有足够的食物在通道里面，今日却只剩下微薄的份量。有些人认为这不公平，因为在一般的领域中，已经赚不到丰厚的收入了，最后他们又遵循过去的建议：努力学习，辛勤工作。

但时代在变化，形成了自然法则。这并非不公正和不公平，生活本就如此，这个世界没有太多公平的事。寻求公平的人，多半会极度失望。狗追猫、猫捕鸟、鸟吃虫，旁观者却幸免于难，这公平吗？我们必须小心，不要陷入“公平的陷阱”。如果把不公平当成辩解不幸状况的理由，那么就会落入陷阱。就如格言所说：“只要不公平不消失，我就不可能快乐。”

这是十分致命的策略，因为不久之后，下一个不公平又会出现。许多人任由不公平毁掉他们的生活，只觉得自己是受害者。生活中一个重要的理论是，演化之中没有公平与不公平，这在自然界里也见不到，只能按照我们的价值观去解释。但是当“不公平”出现在日常生活中，我们可以逃避，并且自哀自怜；或者，我们也可以把它当成一个重新开始的机会。不公平不算什么，重要的我们该如何反制。

在两三百年前，超过90%的家庭是自给自足的，每家自行安排所需。在工业时代中，这一点有了巨大的变化，企业和国家利用固定的工作提供安稳的保障。我们的祖先因此从庄园和手工业迁进工厂，他们放弃了自由，以换取一份“稳定的工作”，从此失去了企业家精神。

开始时，雇工没有规则束缚，也几乎无法享有权利。想想纺织工人：年仅五岁的孩子已被“撒旦的工厂”吞噬，每周必须工作七十小时，许多人因过度劳累而死。因此，成立工会相当重要，好为工人们争取权利，而为了让人们适应新的环境，规则的制定也势在必行。

这几年来，环境又大幅改变，就像工业时代初始时一样激烈，但几乎没人察觉到。大家似乎还想遵循旧的规则在新的制度中生活，当他们确定规则不再可行时，多半只是感到无助，认为遭致不公平的待遇。我们不可能使时光倒转，企业和国家早已不再提供一般的保障。那些被以“节省人力成本”理由解雇的人，一定懂得我的意思。我们不能再继续推卸责任，必须再次为自己的生活负责，因为这个责任已经从企业和集团再回到个人手中。

正如工业时代有特定的规则，信息时代中也有新的规则，然而这些规则几乎不为人所知。多数人依旧想按照旧规则在新的体系下生活，而这是行不通的。

每个新时代开始之际，都会出现赢家和输家。能迅速认清事实并掌握新规则的人，就是赢家。输家只会一直抓着旧规则不放，他们大多没有意识到，一个新的时代已经开始。这就好比你依照错误的游戏规则在玩游戏，你是不可能赢的。很遗憾，古老的真理多来自传统，而非智慧。只要重视新的规则，我们几乎就会自动得到可观的收入，让我们逐项认识这些规则。

超级点子

拟定一份“收入日记”

◎ 给每一条提到的规则一个单独的章节。

◎ 每条规则都思考一下，你有哪些可能性。

◎ 记录下所有你想到的点子。

◎ 和其他有创造力的人（最好之前读过此书）谈谈你的点子。

◎ 做一份最重要规则的摘要，并写进日记中，例如“一份无聊的工作是什么样子”，便很重要，因为不偏不倚的规则会成为你的思想财富。

规则一：不是一次，而是多次

师父问我：“你的工作可以得到几次报酬？”这个问题背后隐含了一项重要的新规则：设法让你的工作不只得到一次报酬。一次报酬的情况在星形图表右侧几乎成了通则。身为员工，你得到计时工资——即工作一个小时会得到一次报酬。照理说，你只有在下一个钟头继续工作，才能得到下一次的报酬，这也适用在自由业者身上。如果不继续工作，就不再有收入，这种工作形态并不理想。今日，工作不再代表在一个固定的地方，也不是在填满时间；众所周知，后者只代表毫无效率。与其相对应的帕金森（Parkinson）法则表示：工作就像橡胶一样伸展，填满所有可用的时间。

这个问题在专家、投资者和企业家的理想状况中，呈现完全不同的样貌。他们的工作会得到多次的报酬，并常常因为一次性的工作，而得到巨额的财富，甚至还能留给他们的继承人。

我写第一本书时，投入了很多时间，事前连一毛钱也没拿到。接着，我花了将近半年的时间去找出版社，那本书被近五十家出版社拒绝，没有人为我所花的这些时间和辛劳付钱。如果我在这几个月兼差当侍者，可能都比写作和找出版社要赚得更多。我冒险一搏，也从中学到了一课——毕竟我原先对写作和出版一窍不通。但这本书在四年内卖了超过三百万册，如今我赚到几百万美元；今天，我仍从每本卖掉的书中赚到钱。

获得多次报酬的系统存在于许多行业中，以下列举一些可能：

投资者一直靠投资外币赚钱。

作曲家、作词者、歌星、音乐家获得“版税”。

获取股票分红的营销顾问。

收租金的不动产业主。

出租邮购名单的老板。

抽取佣金的行业。

注册专利的发明者。

获取版税的游戏发明者。

企业家获得利润。

加盟业主获得加盟金。

事先约订股票分红的程序设计师。

在这个信息时代，你早就不需要用时间去换取金钱；你可以用点子去赚钱，并获得多次报酬，而不用投入更多时间。

旧规则：你的工作只能获得单次报酬，因此你得找到高薪的工作，才能赚得多。

新规则：你的工作获得多次报酬，只要你愿意发挥创造力，并甘冒风险。

超级点子

想想你能如何多次赚钱：

◎ 一定要在你的收入日记里，为这条规则列出单独一章。

◎ 列出所有你喜欢做，并且符合你能力的事。哪些可以带来多次收入？

◎ 分析某个你也擅长的领域中的成功人士，这些人为什么能赚这么多次？哪一位是你可以学着做的？（我们和一些成功人士的差异，往往就只在辛苦工作和一定要成功的愿望。）

◎ 再读一遍上面列出的那些可以获得多次收入的工作。哪些是你能做的？

◎ 下定决心，每年做出一些让你多次赚钱的工作。

规则二：能卖掉才有价值

有时师父会眨着眼问我："如果卖掉你的工作，你能得到多少？"而我总是不太明白地耸耸肩。这个问题隐藏了一个重要的想法：工作是不能继承和出售的。如果你不继续工作，你的工作就没价值了，而另一方面，如果你的老板想卖掉企业，却是可行的。在下一章，你会找出将来最想从事的领域，即使你决定当个员工，你仍然可以创造出一些可供出售的东西：房子、专利、智能财产等，这项规则在某种程度上和第一项非常类似。

旧规则：最重要的财富是劳力，你必须尽可能地出售劳力。

新规则：点子是信息时代中最重要的资本；考虑如何出售点子。

规则三：找出流行的典范

几乎所有的教育和学校都忽略了一项事实：我们的典范早已改变。长期以来，大多数年轻人的梦想，已不再是找到一份终生稳定的工作；即使医生或律师这样的职业，也不再具有吸引力。保健改革导致医生逐渐不受欢迎；自由业者带给修改过的法律最严酷的挑战。在五十年前有价值的事，今天却必须认真再考虑一下。

现在的孩子们会把谁当成典范？像珍娜杰克森（Janet Jackson）、小甜甜布兰妮（Britney Spears）那样的流行巨星，

舒马克（Michael Schumacher）和阿格西（Andre Agassi）那样的超级运动员，布莱德·彼特（Brad Pitt）和茱莉亚·罗伯茨（Julia Roberts）那样的演员，以及像布兰森（Richard Branson）那样的企业家。五十年前当然也有这种巨星。不过，当时数量不像今天这么多；其次，他们没有被媒体带到离我们如此近的地方。关键在于第三点：今日的年轻人很容易把自己和明星混为一谈。愈来愈多年轻人觉得，自己也可以成为与众不同的人物，他们也想展现自己的优点，做些非比寻常的事。他们想从嗜好中发展事业，想要做些自己能力所及，并且有趣的事。

然而他们未受鼓励，反而听到："努力学习，找一份稳定的工作。"部分机构介绍给他们的"工作"，也都是那些有稳定收入的职业。在这种教育体制下学习，只能说是在为工作和自由职业做准备。

还记得前文提到的那则两只猫的寓言吗？工作的意义并不只是获取可观的收入，更重要的是，这份工作是否符合自己的能力和兴趣。当然我们也必须知道如何成为专家，以让自己的收入大幅倍增。但是，如果我们做的不是自己喜欢做的事，再多的技巧也无法拥有成功的生活。

旧规则：把有稳定地位的人当作典范，如医生和律师。只要努力，就能实现目标。

新规则：把乐在工作的人当作典范。想想自己的能力和偏好，从中发展你的事业。

规则四：学会自己照顾自己

企业在信息时代里也产生了变化。企业现在无法也不愿再像以前那样，为员工提供长期的就业保障。大家都知道：只有让顾客满意，企业才能继续生存。在工业时代，只要努力工作，企业便会照顾他们一辈子；现在，成功的企业为了创新，必须毁灭自己及废除旧有的观念，就算这观念依然有用。唯有这样，才不会被潮流所淘汰。如果企业不自行毁灭，别人也会毁灭它。每一次的毁灭，都会产生失业的劳工。

由于社会保险制度和退休金制度的改变，国家也不可能像之前那样照顾到每个人。即使国家可以，这些福利金也非白白赠送。你以为国家是用谁的钱来照顾大家的？德国诗人赫德林（Friedrich Hlderlin）说过："当你们想把国家当成天堂时，它已成了你们的地狱。"换句话说："只有在捕鼠器里，才有免费的奶酪。"

如果你已失去终身就业的保障，你该如何获得最终的稳定？我的答案是：尽力去取得一份终身就业保障的能力。在别人动手之前，就先毁掉自己的工作。你的稳定存在于学习和成长之中，简言之，是在变化当中进行。

我们必须自己负起责任：为我们的事业、我们的生活和我们的钱。

根据旧规则，房子是一种投资，因此应尽快付清贷款。然而今天，我们所住的房屋不再是投资，而是一种奢侈品，不会带来红利。当然，拥有属于自己的房屋，是值得追求的目标，

但让我们经济独立的，并不是我们的房子；而且尽快付清房贷，也不再是聪明的作法。

旧规则：企业和国家会照顾我们一辈子。我们只要把钱投入稳当的投资就行，而最重要的投资就是我们的房子。

新规则：我们必须自己照顾自己，不能再将责任托付于人。我们必须自己创造财富，承担相应的风险。我们的房子不是投资，而是奢侈品。

规则五：为了赢而游戏，敢冒风险

在工业时代，人们总是不喜欢风险，认为最好的方式是避开。今天的观念则是：谁敢冒风险，就会得到更多的报酬。敢冒风险的投资者，每年能够得到12%的报酬率，甚至更多；乐于冒险的企业家，则会变得更加富有。

然而这里有个矛盾：我认识的最佳企业家和投资者，看法完全不同。他们认为自己不是贸然随便投资，而是只进行显而易见的正确投资。他们非常确定自己必须成功，因此当然考虑过风险；他们拥有知识，并彻底了解变化的本质。对于那些对变化一无所知，并被传统束缚的人来说，变化才是充满风险和威胁。

你的情况又是如何？过去的五年内，你曾冒过风险吗？多数人回避风险，也不准备继续学习，而回避风险导致只有少数人赚到自己应该赚到的钱。

我们必须决定是要选择自由，还是稳定，因为两者无法兼

得。然而要寻找稳定的人，找到的却是恐惧。西班牙文豪塞万提斯（Miguel de Cervantes）告诫说：“恐惧迷惑了感官，让我们看不清事物的真相。”一个只顾及稳定世界的人，总是狭小而没有太大变化。塞万提斯不时在媒体中读到某个大人物失败的消息，这让他感到满足，并证明了自己的哲学。这使我想起一句古老的谚语：

巨人常常绊倒和跌倒，
蠕虫不会，
因为它所做的一切，

只是掘土和爬行。

事实上，没有东西是不需付出代价的，“稳定”也是一样，我们为此付出了生活质量。有太多的人用刺激惊险和美丽有趣的生活，去换取稳定的假象，一种充满恐惧与不安的生活。我们知道，恐惧往往正好引来令人害怕的东西。

最后一个关于乐于冒险的重要论述是：虽然小步地谨慎前进，也可以抵达许多地方，甚至所有的地方。但要达到真正的成功，则需要敢于大步跳跃的勇气。我们无法用许多小跳跃来越过深渊。我们不需努力地主宰一切，因为这行不通，我们应该多掌握能应付难关的能力。在来到自己生命中重要的阶段和成功之前，我们必须冒风险，且生活中的所有领域皆无一例外。

旧规则：回避风险，风险只会带来不必要的危险，并且在不会输掉的前提下才去玩游戏。

新规则：为了赢而游戏，敢冒风险。

规则六：犯错是好事

犯错和失败是商场上常见的事。我经历过许多失败，以至于失败看到我时会讪讪一笑。但对于这一点，我的学习过程非常辛苦。我在二十六岁时认识我师父，那时我破产，处境十分艰难。我在财务上犯了许多错误。对我的家人来说，也是个奇耻大辱。相反地，师父却从每个错误中看到好的一面，他说：“我们先犯错，然后从中找出可以学习之处。每次犯错后，我们的世界不是变大，就是变小，完全看我们如何处理。”

我不知道你的财务状况如何，但这并不重要，重要的是你对本书做何反应，你新的方向又在哪里？事实上，我们可以选择，如何对自己的财务状况和错误做出反应。

你还记得不久前自己犯的某个错误吗？你当时的反应为何？基本上，你有六种不同的选择：

说谎。干脆否认自己行为的人，会说：“我没有做过。”

否认。有的人逃避事实，安慰自己：“一切正常，一切都会好起来。”

辩解。“我只能这样做。”

推卸责任。不是我的错，是基因（我天生如此）、教养（我是这样被教育的），和别人（是其他人开始的）。被怪罪的人，也就有了权力。

放弃。“这太难了；一点也不好玩；我根本不需要这一切。”

学习。问问自己：“我能从中学到什么？我必须怎么做，才能避免未来再犯同样的错误？我如何解决这个问题？又如何从中找到乐趣？”每次的经验应该都是一座指路灯塔，而不是我们的停泊之地。

在学校和学院里，错误被视为愚蠢和粗心的结果。这是工业时代的残余。在今日，学习的分数大多仍旧根据对错的多寡来计算；错误愈少，得分愈高。但新的规则早已生效，在社会经验的世界中，大家都知道：只要活着，就会不断犯错。如果一直避免犯错，你的世界就只会逐渐变小。

只要比较美国和日本，就能清楚看到对错误的不同评价。

在日本，破产令人可耻；负责人往往因此自尽。在美国，破产却有不同待遇，人们以此认清负责人的企业家素质，并乐于给他新的机会。这两国的经济情况也说明了一切。没什么比成功教我们的要少，因为从成功当中我们往往学不到任何东西。犯错则会让我们感到紧张并获得进步；让我学到很多的，是我所犯的错，而不是成功。学习和成长的道路会不断地经过错误。如果人类应该学习，那他们也应去试验和犯错。

在星形图表的右侧，有一些麻烦的职业，必须做到高度的精确和不容犯错（如会计和医生），这自然和追求高收入的新规则产生了矛盾，我们晚点会在书中谈论。除了少数的例外，我们的看法是：错误可以照亮未来。这要看我们把错误当成束缚，还是投资。如果错误成为束缚，那么每当风险出现时，我们就会立刻躲进我们的蜗居。

如果有人说："这件事我不会再做！"那我就可以说：这个人已经决定停止学习。失望已经束缚住他。事实上，世界中之所以只有少数的富人，只因为多数人任由自己被错误束缚，而不去学习如何避免犯下同样的错误。成功人士把他们的错误视为未来的投资，他们会很高兴能早一点在生活中犯错。错误是思想存款，他们从中学到投资会带来丰厚的报酬。

旧规则：犯错是不好的，是愚蠢的标志和未来的负担。

新规则：错误证明一个人的存在，也是未来的一项投资。成功的道路往往是经由错误构筑而成的。

规则七：不断学习和成长

小时候，我必须在午饭后先做家庭作业，因为“义务第一，游戏第二。”今天再来想这件事，觉得很有意思，为什么家庭作业不能也是游戏呢？我特别记得一幕是，在我做地理作业时，课本里有一张有趣的照片。我看了不由得大笑出来。几秒钟后，母亲推门而入，用很严肃的声音问我：“博多，你笑什么？你不是应该在写作业吗？”

大多数人小时候都有类似经验：

学习是吃力的义务，一点也不有趣。

此外，学到的多是没用的东西，很快就会忘掉，因为和现实生活不太相关。

学习是在学校进行。只要一毕业，就没人愿意继续学习，因为学习没有乐趣。

终身学习在许多人看来，是个无聊的玩笑。倘若有人问：“你在上课进修啊？”一个折磨我们的用功身影便会立刻浮现。“不断学习和成长”，指的并不是学校，而是社会经验。学习有趣的东西，不仅对孩子，也对成人及其他的教员都有必要。好的师父指导我们，和我们谈话，让我们趣味盎然地学习；好的演讲者，不会只灌输没用的信息，而是鼓励我们去行动。我们必须行动，才会产生变化。可惜学校往往只在传递无趣的知识，而社会经验派以趣味盎然的方式传递有用的知识，并鼓励实际操作。

成功人士总是活到老学到老，并且从不间断，学校教育只

是他们终身学习的一部分。他们利用社会经验补充学校中学到的理论知识，学习那些让他们更加成功和快乐的事物，学习关于健康、金钱、人际关系，关于自己和他人，关于价值、动机、目标等。他们透过观察来学习，并以成功人士为鉴。

工业时代的两大阶级是穷人和富人，今日的两大阶级，则是消息灵通者和信息闭塞者。未来的文盲不再是那些不识字的人，而是那些不懂得学习的人。在四、五年之后，我们今天所知的知识，至少有四分之一会过时，所以我们仍然不能停止学习。

在准备好冒险的前提下，学习是信息时代的中心课题。工作和学习已融为一体，没有人能不学习而成功的，在我们得到可观的收入前，必须先拥有丰富的信息。愈是乐在学习，成功的机会也就愈大。我们必须让社会发展出另一种对学习的认识：如果感兴趣的话，能学习是一份可贵的礼物，有无穷的乐趣。我们必须从学校开始，每所学校里最重要的专业人士，应该成为智慧学习的专家；他们应该注意，让学习成为有趣和快乐的经历。这门知识今天已经存在，可惜还没有在学校里普及。

最后，我们在学校里需要一门“理财”课程。如果富有的人自愿的话，可以在学校里每周授课两小时。“我们不可能因此就让所有人富裕”，这种推断相当愚蠢，毕竟每个人可以自由决定想拥有多少钱，和愿意付出多少代价。但我们能够让孩子认识这条路，因为没有人能再说：“我不知道如何变得富有。”虽然我们无法让每个孩子机会均等，但是每个孩子都因此有了更好的机会。

旧规则：学习主要在学校和教育过程中进行；学习很辛苦，

不好玩；学习之后，便是工作生涯的开始。

新规则：在一生当中，我们应该不断学习和成长。在离开学校后，并不意味着学习结束，我们必须为目前的工作学习相关的社会经验。

超级点子

“不断学习和成长”应该成为你生活中不可或缺的一部分。最佳的可能性是：

1. 多读好的知识性书籍。
2. 写日记。
3. 每年参加三到四个讲座课程。
4. 接近你的学习典范。

◎ 买一本速读的书，能非常轻松提高你的阅读速度。

◎ 读两到三本关于智慧学习的书。当我们知道如何做以后，就会知道学习可以无比简单有趣。

◎ 上我们的网页（www.finwismedia.de），找些即时有趣的文献。

◎ 按需要拟定多份日记：成功日记、收入日记、认知日记、点子日记、人际关系日记等，我们应该意识到记下自己情况的重要性。

◎ 找出你下一年要参加的讲座课程。

◎ 写下一份你的学习对象的名单。如果你不认识其中一些人，想一下谁会认识这些人。

规则八：重新创造自己的工作

按照旧的规则：在学校教育和职业培训后，你我便开始工作的阶段。今天，你如果不一直充实自己，很快就会失去机会，因此第七项规则说："终生学习势在必行。"

第八项规则告诉我们，仅这样做还不够。充实自己或许能让你获益更多，但要更加成功，就要完全脱离过去。以下事实是这课题的最佳证明：资深员工的收入在过去的十年里大幅降低，而且还会继续迅速下降。教育水平愈低，收入降低的幅度也会更大，即使是拥有专业能力的员工，收入也大幅下降。经验已失去了应有的价值。

在老员工凭经验办事时，年轻人可以获得不同的新知识。于是许多职业中出现了世代交替的现象，而且不久就会有人废除过时的旧策略。新人会从老人手中抢走最好的工作。每位员工都不应低估这点，否则很快就会失去工作，我们不仅要承认自己有很多不知道的东西，也要清楚，自己常常误解了许多东西。

尽管第七项规则很重要，但只遵循这项规则的人，无法在既有的想法中安插新的想法，或只会简单地拒绝接受。不幸的是，多数人不知道变化已然逼近，反而认为一切"运行良好"、"非常成功"。当他们还沉浸于"一切真的看来很好"时，未来已被重新创造。因此，重要的是由你来重新创造未来，并比其他人更快发展出新策略。在你还保持成功之际，就应该改变策略，不停地自问："在这个新世界里，我的能力会像以前一样有价值吗？什么是我必须改变的？”

旧规则：因循是好的，绝不该换掉一匹曾经赢的马。

新规则：充实还不够，有时你甚至必须彻底脱离过去，重新创造工作。

规则九：赚钱是有趣的游戏

对许多人来说，赚钱是份辛苦的差事，因为你受过以下观念洗脑：“工作没有乐趣”；“努力工作，就是个好人”；“你应从汗水中赚取面包”。

孩子们从小就学到：你也必须承担义务。这是绝对正确的，但那些义务一定是没趣的事吗？对工业时代的多数职业来说，这种教育方法和学校制度不失为一个好办法。轮班工作，负责四颗螺丝钉，三十年如一日，没有人能把这样的工作当成乐趣；即使有人愿意将此当成乐趣，也不可能长时间忍受。

我从来没有拴过螺丝钉，但我大学时曾做过类似的事。我每天早上会拿到一堆索引卡片，负责整理到一个13.5米长、2.3米高的目录柜里，那堆卡片足足有一人高。有人告诉我，我暂时代班的那个女人，可以在六小时之内完成。开始时，我花了十四小时，后来只要十一小时，我唯一的满足，就只在于能愈来愈快将工作完成。有一天，我大胆地问自己：“这些卡片制度有何好处？”因为我从没见过有人使用。结果没有人能回答我内心的疑问，于是我从部门主管一直找到了最高层的主管，仍然得不到答案，最后我辞掉了这份工作。

不久前，我偶然遇见一位当时在那个部门工作的同事。他还在那里上班，仍然不快乐，像从前一样，对工作不满意。而在这段期间，卡片制度已被计算机程序取代；那个女人于是被辞退了，即便她可以在六个小时内就整理好所有卡片（请相信我，那是令人无法置信的成就）。

你知道这其中的差别吗？我在那里工作过一段时间，而这和我受的教育有关：我被灌输工作是辛苦的，但我已在美国学到了一些让我思考的新规则。那位至今还在那里工作的同事，依循着他的规则："辛苦的工作的人，就是一个勤奋的好人。"照这条规则来看，他是成功的——而我是个逃避工作的人。对他来说，我"不务正业"的生活方式令他怀疑。

也许我也不用再提，今天我绝不会在那里多工作一分钟，因为我有了一项新的规则：工作必须有趣，而且是场游戏。我还想说的是，我们只有做自己真正喜欢做的事，和满足我们热情的事时，才能真正做好；工作必须像我们最喜欢的游戏或嗜好那样，让我们感到无尽乐趣。生命短暂，我们不能把时间浪费在那些不是真正喜欢的事情上，绝不要只为了赚钱而工作，这样无法让你赚到本来能赚到的钱，而且这也不是你应得的生活质量。

有人听到这种想法时，内心极度不安，因为他们完全依循旧规则生活。他们认为，我的想法往往攻击着他们神圣的工作观念。我能体会这些想法，因为如果我的规则正确，那岂不代表，他们每天从事这些无味工作毫无意义。我们的生活质量只是规则中的一个自然结果。用埃默森（Ralph Waldo Emerson）

的话来说："紧握手心，便一无所有；张开手心，你就拥有全世界。"

旧规则：赚钱辛苦，没有乐趣。那些可靠和值得尊敬的人，总是勤奋工作。

新规则：做你喜欢做的事。找一份对你来说像游戏一样的工作，这样你才能热爱工作，真正赚钱，并拥有生活质量。

规则十：加强自己的优点

没有人会因为改掉缺点而富有。有杰出成就的人，才能获得高收入；一般的成就有一般的工资，与众不同的成就，当然也有与众不同的收入。只是改掉缺点，而忽视了加强自己的优点来取得顶尖成就，多半只会平平庸庸。没有人会对此真的感兴趣，你只是在做人人都能做的事，这就像沙漠里的沙粒一样没有价值。

很遗憾的是，大多数人致力改掉缺点，却没有想到要发挥优点。我常被问到："雪佛先生，我想我并没有特别的能力。我如何能知道，自己是否也有那种能力呢？"

当初我问自己这个问题的时候，我正好在一场国家级比赛中获胜，接着被邀请参加在日本举行的总决赛。在那里，我要在许多人面前展现天赋。我想了很久，明白了一件事，我的生命中没有真正值得展现出来的东西。这是个令人难过的发现。为了应急，我学了一些魔术，而这成了我第二种让人惊讶的能力。

我们轻易能做到的事，在自己看来理所当然，因此不会注意到自己拥有哪些优点。另一方面，我们会立刻注意到那些做得不顺的事，错误和缺点让人印象深刻。于是悲剧就这样不停上演：大多数人只注意到自己的缺点，因此只想改善这些缺点。然而会让我们富有的，是我们的优点，却被自己轻易忽视了。

认识自己的优点，相当重要。如果我们谈到你生命中的飞跃和激情，你会找到清楚的答案。有一点，我自始至终相信，就像爱因斯坦所说："在每个孩子中，都藏着一个天才。"我们当中的每个人，一定都有过人之处或至少有份特别的、应该发展出来的天赋。

女作家布瑞斯纳（Sarah Ban Breathnach）说："对大多数人来说，把自己视为艺术家会很不舒服。但我们每个人都是艺术家；我们每天做出的选择，让我们创作出一件独一无二的艺术品——一件别人不能创作的艺术品。"在第六章，你会学到如何处理自己的优点。只要我们不去注意，我们就只会担心自己的缺点，而不是相信自己的优点。我们会忙着堵住缺点的漏洞，而不去做有意义的事。

旧规则：链条总是从最弱的环节断开，因此要改掉缺点。

新规则：通向顶尖收入之路，是加强优点。

规则十一：将缺点变成优点

许多人都被自己的缺点牵制住了，他们疑神疑鬼，认为那些缺点就像怪兽般潜伏在性格深处，为了消除这种恐惧，有必要让我们来认识自己的缺点。

首先，我们必须给缺点下一个定义。我们没有必要照字典中的解释，把缺点视为一个自己并不擅长的领域，这样一来，每个人都有太多缺点。我喜欢下面这项定义：“缺点是所有阻扰我们达成目标的东西。”这样一来，我不必去管我不会唱歌，因为我不用唱歌，也可达到目标。这只是我缺少的一项优点，不是缺点。

但如果你的某项人格特质阻碍你达成目标，那就必须认真处理了。

现在的问题是，你该如何处理这些缺点？你当然不能忽视那些危险和会阻碍你的缺点，否则就可能会被它们吞噬。我们应该先仔细认识自己的缺点，然后再选择以下方式来对付它们：

你可以找个解决方法。

或是找一份不暴露你的缺点，甚至可以转成优点的工作。

第一种方法的例子是，如果你支出太多，那么就剪掉信用卡，或给自己一个月的零用钱。

第二种方法的例子是，有个小男孩他出现一种性格，他不能接受失败。于是他继续顽强战斗，但当他还是失败时，便极端恼怒。我问过自己，如果这种情况发生在我的孩子身上，我会怎么做。如果在几年前，我也许会说：“你必须学会接受失败；胜利并不是最重要的，而是参与。”那个小男孩就是今天的世界级守门员卡恩（Oliver Kahn）。不久前，我认识了他。我只能说，太好了，他为自己找到了一份这种工作，他的缺点不仅没阻碍他，甚至还成为动力。

乔布拉（Deepak Chopra）医生，也是一个将自己的缺点变为长处的例子。有一次我们共同用餐时，他告诉我，身为印度人，在美国生活并不容易，白种美国人不喜欢去他的诊所看病。为此他找了一个途径，好将这种情况转为他的优势。他回到印度，不仅学习了一种名叫 Ayurveda 的医疗方法，还学习印度的智能和精神疗法。然后，他在美国化身为印度的智者，结合现代医学和传统印度医术。现在他不再是“外国人”，而是专家。他写过畅销全球的书，四处讲学，并开讲习班；他成立了一所医院，和一家印度健康产品全球邮购的机构。他可能是今天世界上最富有的医生。

你应该为你的缺点找出解决方法，或把它们变成优点。很多缺点你可以完全不理会，它们丝毫不会影响成功。你是否注意到那些很有能力的人，他们都或多或少有一些缺点吧？批评家让这些名人接受一次道德上的拉克穆斯测验（Lackmus Test），他们的缺点被当成笑料传到我们耳里，但我们应该正常对待这种“暴露方式”。

我认为，这种关于明星和天才无能和错误的故事特别无聊。这并不是秘密，那些名人也只是常人而已，他们多数只会做一件事，却做得特别好；他们大多有怪癖，而且通常不太会生活。不过有谁对此感兴趣呢？事实上，缺点和过人的优点相比，根本不算什么。当我听到某位大师的音乐——贝多芬或莫扎特，我会尽情欣赏音乐，而不会想到作曲家的缺点。天才为全世界带来财富，那是他们以其优点做到的，他们的缺点丝毫不会影响我沉浸其中的享受。

如果你要达成一项巨大成就，就必须认识自己的优点，并毫不妥协地专注其上，就算要容忍许多严重的缺点也不放弃。此外，如果你想要生活快乐，就应该为真正阻碍你的缺点找个解决方法，并化之为优点。

旧规则：圆滑的人特别让人感到舒服，并且成功。

新规则：为阻碍你的缺点找个解决方法，或将其化为优点。接受多数有能力的人也有很多缺点的事实。

超级点子

专注在你的优点上，为你的缺点找到解决方法，或化为优点：

◎ 找到可以训练你优点的人，注意至少开发一项特殊才华。

◎ 如果你不清楚你的才华，请好好阅读第五章和第六章，并作笔记。

◎ 阅读有关生命意义的书，并参加一个讲座。

◎ 在你的成功日记里，记下所有已经成功完成的事。不时问自己："我常用什么样的能力取得了这些成功？"

◎ 分析你的缺点，找到解决办法；或更好的是，找到化缺点为优点的途径。想想超级守门员卡恩和乔布拉医生。

◎ 你最大的自信，是因为你与众不同。你为什么会与众不同呢？

规则十二：工作、学习和训练已合而为一

计时工资的观念在我看来已经落伍，这导致大家只做必须做的事。大家都在推脱工作，混到工作时间结束。在这种情况下，员工认为："尽可能多赚钱，少做事。"在新时代，我们将工作时间理想地分配如下：

1. 日常工作时间。
2. 学习时间。
3. 训练自己成为专家的时间。

要注意的是，我指的是工作时间，而非休闲时间。每当我在演讲中介绍这个模式时，会看到许多人恍然大悟的表情。我们当然不应该只把工作定义为"赚取面包"，工作也应包含学习要素和未来要素。不为未来准备，不积极塑造未来的人，将永远停留在现在。他将不再继续发展，眼前的水平和目前的工作经历，已在未来冷笑地等待这种人。仓鼠笼正埋伏在一旁。

尽管也有个别的听众会说："这个我做不到。我的工作已经让我无法应付，我哪有时间学习和训练？"这个问题有理。很遗憾我不能提出笼统的答案，因为我们各自所处的工作环境和条件相差太多。但我确信，如果学习和训练对你来说真那么重要的话，你就一定能找到解决方法。听天由命将会一无所获。你必须这样计划：安排固定的时间不断学习和成长，以及你每日的反复训练。

这也许意味你的收入暂时会下降，但我向你保证，这只是暂时情况，很快地，你的训练结果，就会为你带来大量的收入。绝不许为了高额的生活标准忙于赚钱，而用掉计划未来的时间。我们的生命就如同一场戏，我们若不是在扮演由别人和环境为我们选好的角色，就是由我们自己决定想扮演的角色。

如果只看眼前，那么扮演一个由环境赋予我们的角色可能会舒服一些。但长远来看，这意味着你必须忍受不尽如意，受人操纵的一生。我们绝不该以暂时的办法，去解决长期的问题。

旧规则：工作只在赚取面包，焦点定在此时此地。

新规则：你应该把工作时间划成三个部分：日常工作、学习和专家训练。应该把至少10%的工作时间用于学习，20%用于训练；这样还有70%留给日常工作。最佳的分配则应该是三分之一：三分之一：三分之一。

我们拥有所有机会

我必须承认，这些规则中有很多其实并不是新的，它们其实就是常见的人类智慧。但是，今天在人类历史上第一次出现了这种机会，人人都有可能赚到可观的收入。这一点是新的，也很美妙。

我们生活在一个享有特权的时代，我们可以发现被祖先所

禁止的东西。罗马皇帝奥瑞尔（Marc Aurel）曾说过：“真正的发现之旅，并不在于发现新的风景，而在于用新的眼光去看待。”你我可以从事这趟发现之旅，享受这种绝妙的感受。我们可以遵循新的规则，而且非常简单，只要我们决定去做。

在我们的时代和国家里还有一些新事物：生活比任何其他时代都要简单得多，我们是自由的！当然我们必须学会如何运用这种自由，而不是滥用。想象一下：没有人任意砍下我们的脑袋；没有人会因为我们遵循新的规则，而将我们烧死在柴堆上；在过去的几十年里，已经没有过大的战争和饥荒。所有这些困难没有转移到我们身上。一切可能性都向我们敞开，我们可以获得所有信息。从来没有任何时候像今天这样，能轻易地实现自己的理想，但问题在于：我们该做些什么？我们利用了这个机会吗？还是，我们继续按照过时的规则生活着？

无论穷人、中产阶级还是富人，其实都是具有某种特定思考方式的团体。同样地，在某个特定领域工作的人，一定有某种特定的思考方式。若尝试改变思考的方式，那么阶级和领域也自然会改变。你将在下一章，找到莫大的安慰。

第四章
选择适合自己的领域

我们必须随时做好准备，放弃我们现在的身份，去成为我们能成为的人。

——博物学家杜博（Charles Dubois）

人人的想法不同，而个人的思考方式决定其命运。当你发现自己的想法和那些最低生活水平中的人相同时，对许多人来说，还是会感到意外；同样地，还有所谓中产阶级的人、富人也不例外，在某些点上想法十分相同。

这也适用于在星形图表每个领域工作和赚钱的人：他们的思考方式非常接近。或说清楚一些：他们的思考方式明显和在其他领域中工作和赚钱的人不同。你可以在这一章，先确定和你想法最接近的领域，及该停留的地方。接下来，你可以找出哪个阶层和自己的思考方式最接近：穷人、中产阶级和富人。在此，你必须先了解四项前提：

1. 这里说的思考方式没有对错之分，也没有人有权利下这种判断。但审视自己的思考方式非常重要，接着要考虑的是，我能以这种思考方式实现我的梦想和目标吗？

2. 我不相信贫穷、小康和富有是天生注定。我相信人类有无尽的潜能，而我们当中的大多数人，能走完让我们完善的发展阶段。把向日葵的种子埋入土里，总还是需要点时间，幼苗才会渐渐破土而出，这时我们不会责骂说："这发育不良的植物！"当这株植物生长并长出蓓蕾，我们会备感惊讶，并为它的美丽惊叹不已。我们因此明白，向日葵在这段时间里，一直在泥土里蕴育自己的潜能，在每个发展阶段，它都是完整的——而且自得其所，我们的精神发展也是一样。成功就在我们体内，只等着被发掘。

3. 如果我们的思想还未完全成型，那还有个莫大安慰：我们可以学习新的思考方式，以改变自己的命运。我们可以透过新的思考方式，来创造全新的生活环境。

4. 在分析自己的思考方式时，我们会遇到一个难题：多数人一点也不清楚自己真正的价值观和自己的思考方式。许多人为了适应某些特定的环境，而成了生活骗子，请试着克服这个毛病。

看清星形图表右侧的本质

当我们开始忙于分析自己的思考方式时，你会发现一些在前一章讨论新规则时的类似情况：你会立刻迷上这些想法，或感到厌恶。

这两种反应都很正常，而这操之在你：你必须找出对自己而言，待在星形图表的哪边是正确的。对你来说，赚很多的钱及获得梦寐以求的收入到底有多重要？还有，你的愿望真的与自己的价值观相符吗？我们多半受到家庭和周遭环境的影响，常常只拥有某种特定的价值观，然而却过着和此价值观完全不同的生活，尤其在谈到金钱和收入这样的话题时。

为别人工作永远无法获得保障

一个生活骗子总在做和自己的价值观不符的事。还记得仓鼠笼吗？笼中的人被金钱主宰，恐惧让他们无法安眠；早上他们起床，然后工作，工资则保障着他们的生存。在此同时，他们却顽固地拒绝认识真相：金钱的话题让自己日夜不得安宁，并主宰着自己的生活。

我们常听到这些人说：“金钱不会带来快乐。”同时他们却又尽可能地努力工作，赚取足够的钱。为什么那些满口说“金钱不会带来快乐”的人，却愿意每天付出八至十小时，做着自己毫不喜欢的工作？而为了自己不喜欢的工作，这些人还得日复一日地忍受在上下班时段的拥挤车潮。为什么？答案是：恐惧。他们害怕成为不被社会接受的一员，害怕成为失败者。

出于同样的恐惧，逼着这些人跟自己的孩子说：“上学去，努力学习，找份稳定的工作。”那些没有受到高等教育的人，难以在社会上的某些圈子中受到重视。这种“失败”，父母亲有部分的责任。他们以前就因为害怕，而被谆谆告诫说：“努力学习，拿好成绩回家。”但害怕并不是好的咨询者。

恐惧让我们去相信那些错误的说法：一份稳定的工作能带来保障，它就像一剂治疗恐惧的药。事实上，如果我们学过，我们会得到应付恐惧更好的建议。任何外来的“保障”只是幻象，因为我们无法控制，外界的力量会随时带走它。保障必须来自于自己，没有人能给我们保障；如果保障不是出于自己，我们只会更依赖、更不安和更害怕。不久前，我在电视中看到一个女人，她的丈夫忠心耿耿为公司工作了十九年，却突然间就被辞退。她流着泪说：“我们花了十九年，为了保有一份工作，而现在我们却坐在大街上，这不公平。”我当时真想当面告诉她，这十九年来她有的只是对保障的幻想。为别人工作不会有保障，那只是对保障的幻想。

让我们致富不是老板的职责

当我必须写下三年后想赚到的收入时，我写下的是八万美元，我也曾说过：“我根本不需要这么多钱，也不相信这些钱对我有益。”

在说完这番话后不久，我师父带我参加一场宴会。在那里，他介绍我认识了一个生意上的朋友。很明显地，这个朋友听说了我的异议。他让人印象深刻，因为他很富有，所以能和他同桌进餐并长谈，让我感到非常得意。而他所说的，正好击中了我的要害。他说：“我观察了你，你其实很想要有钱。如果你认为钱对你不重要，那是谎言。事实上，你是不相信自己有赚很多钱的能力。”之后他对我说的话，更是让我永生难忘：“永远不要欺骗自己。一旦开始欺骗自己，你就没救了。”

上班族拥有一份工作，企业家拥有一家公司。上班族是社会体系里的一部分，因此没有灵活性，他必须时常守在工作岗位上。拥有一份工作，事实上价值甚微，因为员工不可能卖掉他的工作。而一旦被辞退，所谓的“保障”便成了幻象。

在马约卡和其他岛上，有许多过去是企业家的人，他们如今卖掉了公司，靠着利润过着舒适的生活。那些上班族又能卖掉什么呢？他们大多数人一无所有，这让那些人更加伤感和不平。那个不公平的陷阱，在此又设下了埋伏：“这是不公平的……”但是，让上班族变得富有并不是老板的职责，他的任务是支付员工一份稳定的薪资。致富是我们自己的责任，完完全全是我们的任务；工作的本质就是获得工资，而不是致富。

上班族也拥有优势

如此看来，当个上班族似乎只有弊而无利，但我不是这个意思。如下所述，上班族也有很多的优势。

1. 工作具有强制性，对没有自律能力的人来说，有一定帮助。自律能力不强的人，建议你当个上班族。

2. 当个上班族可以完全专注在单一活动，不必像企业家那样要考虑其他无数问题。

3. 固定工作时间，特别是比较短，可以满足规律的休闲时间和假期。如果想要顾及生活的更多层面（家庭、朋友、嗜好、运动），便可轻松做到。然而企业家必须在起步阶段，更辛苦且更长时间地工作。

4. 上班族在身体或精神状况不佳时，可以透过公司稳定的结构获得帮助。这种人或许有足够的精力和毅力完成一份工作，却无法独立经营一家企业。

5. 由别人来掌管成功与否的问题。许多人偏爱明确的回馈，而自由业者却要在几年后才会获得认可和盈利。

6. 下一步的计划已经有人安排好了。上班族的个人想法并无足轻重，不像企业家那样。

7. 完美主义者自然很难符合自由业者的一个重要前提条件：能接受错误。自由业者情愿在工作的进程中发现错误，也不要因为追求完美而犹豫不决。在一份要求完美的工作中，上班族可以任意发挥自己的特质。

8. 很多人的优点在于完成工作，而非分配工作。

我认识许多优秀的上班族，他们有份很好的工作，也很快乐。他们找到了在生活中的位置：把自己的优点和偏好投在正确的位置上。没有这些人，公司就不可能存在。我在许多商管书上读到，这种人是公司最重要的“资产”。即便我不这样认为，但我知道：这种人就是公司。

我很幸运有很多如此亲切且值得重视的人，在我公司里工作。我们互相珍惜，每个人都很重要；每个人都有他特殊的能力，构成了一个很好的小组。没有什么比选错领域更糟糕的事，也很少有比在正确的领域里工作，更能让自己满足了。

一个人当三个人用的自由业者

在许多方面，自由业者的想法也很接近上班族，因此这两个领域都在星形图表的同一边。一直以来，自由业者就不只是社会体系的一部分，而是自成一格。除此之外，还有两点要注意：

这个领域最为艰难，因为自己当老板并不容易。

对自由业者来说，有时成功比破产还严重：只要一成功，就必须一直长时间辛苦地工作。

自由业者常常必须一个人做好几个人的工作：要接电话，记账和开收据，做市场营销，做公关和广告，还要照顾顾客或病人；他是人事部主管，他顶替生病的员工工作，有时更要准备报税单等。

这或许是医生和律师的平均寿命最短的原因：他们平均寿命不到六十岁，而其他人的平均寿命超过七十四岁。其中的原因在于，他们没有准备好要将权力下放：“没有人能做得像我一样好。”“等我教会一个人时，我已经做好这件事三次了。”这种想法，当然就成就了一份无止尽的超时工作。

看清星形图表左侧的本质

关于企业家和投资者的恐怖描述是，他们常被说成是吝啬鬼、嗜权如命者，和肆无忌惮的人。有句话说：“这些人的心脏很适合器官捐赠，反正没用。”事实上，在星形图表上每个领域都有好人和坏人，到处都有可贵的人格。各个领域间的真正区别在于，他们特定的思考方式。例如，对那些星形图表左侧的人来说，以下的东西特别重要：

1. 他们热爱自由。
2. 他们愿意策划，并承担责任。
3. 问题和挑战是受欢迎的游戏。
4. 冒险对他们来说是自然的事。
5. 他们喜欢行使权力和影响。
6. 他们想要更多的钱；他们想要抽取佣金。
7. 他们喜欢创造。
8. 他们不想、也无法切割休闲和工作的时间。

工作第一。

9. 他们大多喜欢交际，也能带领他人。

10. 他们对如何完成事情，有自己的想法（不适合当员工）。

11. 他们不断地分析和学习。

12. 他们有自信，并在自己身上寻找保障。

13. 他们能准确并自始至终地守住自己的目标。

为了在个别的领域中，更清楚理解那些不同的思考方式，我把一些思考方式两相比较：

1. 投资者和企业家。银行投资者会想：“他不认识金钱的价值；谁有钱，谁就有权力。而他从未因此感激过。”企业家想：“如此烦多的文件，只为了一项可笑的贷款。他们不应该这样装模作样，说来这些人还是得靠我付的利息过活。”投资者在困难出现前多半就已放弃了，而企业家却往往在困难中搏斗。投资者做好投资抉择后，很快就和此事没有直接的关系；企业家却必须长期计划和经营。投资者在环境好时才给钱；企业家则不管如何都得去做。

2. 自由业者和企业家。税务顾问为委托人省了很多税款，并寄去他的账单。企业家想：“他多半把自己打高尔夫球的时间也算到账上了。主要的工作，会计人员早就做好了。付给他的钱，我都可以买下整家店了。”税务顾问想：“他真该感谢我，他的资料简直是一团乱。”自由业者讨厌错误和凌乱；企业家讨厌官僚和完美主义。他们拥有不同的能力，却能完美互补。

3. 上班族和企业家。企业家首先看的是更多的成就，上班族首先看得是更多的工资。上班族把企业利润看作应该付给自己的工资；企业家却想把利润用于再投资及风险的保障。上班族得到的钱是由企业家所支付的，这种关系很难协调，一直需要一条折衷的路令双方满意。最好是双方都明白，他们只有在一起，才会获得成功。上班族应该在困难时期体谅企业家，企业家应该在成功时，和他的职工共享盈利。

4. 企业家和专家。企业家想要的是金钱和权力，喜欢在幕后操纵；专家想得到认同，并喜欢公开场合。企业家想做得更好；专家想与众不同。还有一个重要的区别：企业家必须招揽顾客，而顾客却是打电话给专家。如果专家理想分配他的工作时间，将会有很多时间用于学习和自我训练，因此能让身价水涨船高。如果专家和企业家对彼此的能力有正确认识，他们也是完美的互补组合。

表 4–1 工作的定义

	如何工作	做什么而多赚钱	工作、学习和自我训练时间的实际分配和最佳分配
上班族	为系统工作	请求加薪，或兼职（跳槽）	95/5/– （最佳为：70/10/20）
自由职业者	系统本身	更辛苦的工作	80/15/5 （最佳为：40/30/30）
投资者	投资系统	寻找机会	50/50/– （最佳为：45/45/10）
企业家	创造并拥有系统	建立企业，再销售企业（整体或部分）	85/5/10 （最佳为：33/33/33）
专家	改良系统	继续专业的研究	80/10/10 （最佳为：33/33/33）

给自己的工作定下清楚定义

“工作”这个定义，对上班族、自由业者、投资者、企业家和专家来说，各有不同；在他们想多赚钱时，会去从事完全不同的事；他们分配给日常工作、学习和自我训练的时间，也各有不同。也许我们不能一概而论地看表4–1里的摘要，却可得到一个深刻的概况。

以下的超级点子是全书中最重要的部分之一。没有人喜欢做纸上作业，但如果要让本书发挥作用，你就必须找出星形图表中的哪一块领域，是真正属于你的。以下所列的实用点子，都是为了让你可以做决定。在没有认真研究这些问题，并写下答案之前，请不要急着翻阅后面的内容。

超级点子

在我们的工作生活中，找到“自己的位置”，对我们的幸福生活有重大的意义。请检查你是否处于对你来说的最佳范畴，对你自己做如下的提问，并且写下书面回答（记入你的收入日记中）：

1. 我的生活目标是什么？我能在目前所在的星形图表范畴中，实现我的目标吗？

2. 我追求何种收入？在我的范畴里能实现吗？

3. 我的范畴适合我的本质吗？在那里我能得到发展吗？我在那里快乐吗？为什么？为什么不？

4. 我为什么要跻身于我现在所在的范畴？当时的理由

现在还成立吗？

5. 考虑我的个人喜好和性格特点：我所在的范畴对我有哪些好处和坏处？请至少写出十点。

6. 我们的目标会改变。因此你在重新思考这个问题的时间里，就要决定好。

去学习投资

我师父经常对员工说："千万不要为了多赚钱而超时工作，也千万不要兼职。"原因很简单：这样又再次回到了星形图表的右侧。他所给的建议是："学习投资，开发一个新的收入来源。买一辆旧车或一栋旧房子，你可以自己整修或把它们翻新。或者，你可以自己创立一家小型企业。在你开始利用休闲时间赚取计时工资前，你应该学着赚到多次报酬。"

遵循新规则并且不断学习。双脚踏地总是比单脚独立好——试着找到你的第二个支撑点。去学习投资所需的知识和相关法律，让自己成为一名专家。为此，你完全不用放弃原本的职业，但千万不要选择星形图表右侧的领域作为你的第二职业，你应该注意，赚取额外收入的工作要能让你学到新的知识，而且依循新的规则。

超级点子

创造出第二个支撑点，为你自己开发出更多的收入来源，如果你计划赚一份额外收入，这里有一些重要的建议：

◎ 开发第二个收入来源。如果你的额外收入和主要收入来自同一个来源，这就不是真正的第二支撑点。

◎ 寻找一份你可以学到新知识，有挑战性，并让你成长的职业。

◎ 学会销售：自己、服务、点子、产品、知识、资讯等等。

◎ 敢冒风险。不要对犯错有任何的恐惧。即使你的额外收入出现问题，你也不会有生存的危机。你的主要职业已为你织好了一张网，这是一个训练你风险承受力的绝佳机会。

◎ 不要以你的工作时间来计算收入。等着其他有多次报酬及抽取佣金的机会，创造你可以出售的东西。

◎ 尝试找一份让你从中得到乐趣，并和你的能力相符的职业，问问自己：我如何利用我的嗜好赚钱？

◎ 不断思考，如何训练自己成为专家。我相信，许多人本身就是好的素材。

◎ 你无论如何应额外成为投资者，创造自己的金钱机器。

◎ 你已经选择好自己的思考方式了吗？本章的后面内容涉及一个问题：哪些不同的思考方式，在不同的阶层里占主要地位。如果你已对自己的所在领域和去向有了清楚的认识，那么接下来的一些思索，对你将有很大的帮助。记住：我们的外在形象只是我们思想的倒影。

穷人、中产阶级和富人

德国联邦政府在2001年贫富状况报告中确认，如果以财产标准划分，德国人可分为三个阶层：穷人、中产阶级和富人。联邦政府这份研究指出，差异在于人们财产和收入的状况。

在我看来，这个说法还不足以解释这个现象，也不完全正确，因为人总是会暂时遇到和他个性及思考方式不符的工作和环境。例如，破产的企业家可以重振旗鼓，乐透彩投资者在短时间内挥霍掉奖金，更重要的其实是他们的思考方式。你会惊讶地发现，在同一阶层的人，思想和行为习惯何等接近，而三个阶层之间的人，他们的思想和行为习惯，又是何等不同。如果你进一步深思，也许会马上想到一些区别，有些听来似乎是陈腔滥调，但实际上却正好说明问题的关键。接下来我会谈到一些重要的区别，可以总结为以下几点：

钱和收入。

成就和工作。

与新规则和旧规则的关系。

生活里所有的梦想和目标。

在讲座上和演讲后，我与成千上万的人交谈，这对我的帮助很大。

贫穷来自缺乏勇气

这是在师父让我意识到这些重要的区别后开始的。他问过我："你的经济目标是什么？"我回答说："一份好的收入。"他解释道："穷人只想暂时有份工资尽可能高的小时工资；中产阶级想要份好收入；富人们知道，更重要的是创造财富——而只有藉由你拥有的积蓄，才能创造财富。"

我问师父："到底怎样才算是中产阶级？"他回答说："中产阶级并没有富有到不用工作也能生活，但收入让他们有足够的能力定期积累财产。拿保险来说：富人投资，穷人投保，中产阶级则稍稍涉足两者。"有一天他说："要是把你手边的汽车卖掉，最多只值你两个月的收入，但许多中产阶级却为了一辆车，付出整整一年的收入，要是因此而去贷款，那么一辆汽车就变得更贵。"

有一天，我的洗衣机坏了，我开车到城里想买新的。在比较了六家店的价格，花了五个小时之后，我少付了五十美元买到一台很好的洗衣机。师父知道后，用几乎震惊的口气说："只有穷人和中产阶级，才会花时间去省钱，富人会花钱去节省时间，因为时间比金钱价值千倍。用那五个小时的时间，你可以赚到比省下的五十美元更多的钱。"

师父说：“穷人为了钱而工作，中产阶级为了钱更加辛苦地工作，富人则让他们的钱去工作。”我心想：“说得当然容易。”但他对我解释，我现在的想法决定着我的未来。他说：“穷人通常不知道自己想要什么，所以什么也得不到。中产阶级的人常说：‘这我买不起。’所以也得不到很多东西。那些明天变得富有的人，今天总是会问：‘我如何能买得起这样东西？’”

我问：“在所有的行业中，真的都有这种差别吗？”他说：“几乎都有，只要看看这些人对风险的态度就知道。富人勇于冒风险，并视风险为可预测的未知。穷人把风险视为一种会亏损的危险，富人却把它当作一次成功的机会；在中产阶级看来，这是危机与成功并存，两者对他们来说，是种偶然。如果景气好，中产阶级会买股票；如果不好，便买退休保险。贫穷其实来自缺乏勇气。”

习惯决定命运

不是每个人都喜欢表格，但我在此还是要请你仔细地阅读表4–2，这样你可以清楚认识到三个阶层之间的区别。然后再自问：“我现在的位置在哪？”“我是如何思考和行动的？”如果将那些符合自己情况的描述标示出来，也许不失为一个好方法。同样重要的是，自问：“我要去哪？”为此，你又该有什么样的思考方式和行为模式？

表 4–2 三种阶层之间的区别

	贫民（最低生存水平）	中产阶级	富人（有经济头脑的入）
工作	寻找工作：常找不到。	寻找／有最好的工作。	创造工作。
财政难题	说："我很穷。"（持续地）	说："我不穷也不富。"	说："我现在破产。"（暂时的）
收入	为赚钱而工作；领社会救济。	辛苦工作多赚钱。	钱为他工作。
处理金钱的方式	小仓鼠笼：消费借贷。	大仓鼠笼：高债务和消费借贷，必须支付利息。	投资：获得利息。
处理失败的态度	问："为什么总是我？"	放弃说："不会再有第二次。"转到其他活动。	学习！投资。
对冒险与投资的想法	亏损风险：想要生存，就要避免风险。	偶然因素决定成败。在稳定前提下，冒小风险	获利机会：想要自由，就要冒风险。
不断学习和成长	电视。	学校智慧。	社会经验、学习典范。
焦点	尽可能高的小时工资。	高薪不如有保障的薪金。	财富。
资金管理	"我钱包里有多少钱？"	我如何支付信贷？	我能在何处投资？没有消费借贷。
投资	大屏幕电视和杜比环绕音响。	生活保险、国家债券、股票（视市场景气进出股市）。	视风险状态，理想获利率：10%～5%。

	贫民（最低生存水平）	中产阶级	富人（有经济头脑的入）
房屋	希望拥有。	最大的投资。	一项贷款，用每月收入的10%～15%分期支付。赚钱，再请专家。
投资系统	投资生活保险，最迟四年后亏损退保。	赚钱，节省。	理财投资赚钱。
工作系统	不变，继续。	系统本身。	创建系统。
对时间、金钱的概念	没有计划和制度。	花时间省钱。	花钱省时间。
对雪佛书的反应	我做不到。	写得很好，但有时不切实际，过于乐观。	能证明我自己，有时过于悲观。
典范，咨询者	向多数人看齐，向穷朋友和家人征求意见。	以高阶员工／值得尊敬的自由业者为典范。咨询者：银行家和保险专员。	以快乐和成功的人为典范。咨询者：富有的顾问。
最大的财务目标	不再有欠款。	五十八岁就可退休。	尽快达到绝对的财务自由。
汽车和其他代表身份的物品	一辆好汽车会改变一切。	尽我能力租用最大最好的。有税额优惠。	最高的购买价格是两个月的收入。
财务计划	付清所有账单。	保障退休金。	详尽的财务计划，包括收入、税、理财和利息。
规则	完全依循旧规则工作。	主要遵循旧规则。	按新规则生活！创造规则。

你在表格中找到自己了吗？你主要的思考和行为方式，体现了其中所描述的一个阶层吗？思考方式决定着行为模式，行为模式决定我们会接受何种习惯，而习惯决定我们的命运。

请记下你对这份表格和对本章内容的认识。

在本书的这一部分，你还需要最重要的一块基石：你的热情来源。你在做什么事时，经常感到浑然忘我？什么能让你感到无穷的乐趣？知道这些之后，我们才能运用那些实用点子赚更多。

如果你把通向高收入的云梯，架在错误的墙上，只能说是毫无意义，因为你只迅速达到错误的目标。快乐与满足会停滞不前，或许还会赔上健康。特别是，你永远不会知道，当你做让自己感到快乐，并和能力相符的事情时，感觉是何等美妙。我们要把它找出来。

第五章
飞跃和人生意义

你必须先从自己身上发现你要寻找的，然后才能在这世界上找到。

在我们醒着的时间里，有75%的时间被用来工作，或为工作而准备（穿衣、开车或乘车上下班，思考工作的问题、休息）。在绝大部分所谓的休闲时间里，我们同样还是在工作：打扫、购物、整理花园、修理、洗衣、整理房间、熨烫衣物、处理私人信件等。我们绝对可以说：生活中的大部分时间，我们都在工作。

如果花了那么多时间和精力工作，那么我们做这一切的目的，就不能仅仅是为了赚钱。生命太可贵了，不能只让时间悄悄地从身边溜过。我们甚至可以提出更高的要求。既然我们工作，就应该从中感受到乐趣，而且这还不够：我们应该感受到疯狂的快乐。另外，我们还应该在工作中展现自己的天赋，这样才能不断在工作中感受到乐趣，我们应该常常感受和经历那个被研究人员称做“飞跃”（Flow）的状态。

真正的事业成功

什么是真正的事业成功？成功的意义在于，按照自己起草的蓝图生活。为了能得到金钱，而去辛苦地工作，这种做法距离成功再遥远不过，而且已经有愈来愈多的人感受到这一点。

工资将不再是衡量成功与否的唯一标准，我们应该生活得充满尊严和意义。在金钱之外，我们首先需要幸福、满足和和谐等情感成份，只有当我们赋予所做的事情更高一层的涵义，这些情感才会产生。我们可以给这个情感衍生出来的孩子很多名字：生活的热情、飞跃的状态、生活意义、热情完成的工作、疯狂快乐；它们的意义都相同，我们就简单地称为飞跃的状态和人生的意义。纪伯伦（Khalil Gibran）曾说："工作是眼睛可见的情感。如果不用情感工作，而是带着反感，那么不如放弃你的工作，坐在庙宇前，接受那些快乐工作人的施舍。"

为什么追求飞跃?

拥有一个有意义，并处于飞跃状态的工作是有可能的。我想对你简短地介绍其中几项最重要的理由。

1. 帮你克服困难的环境。遭遇到命运的打击时，这时最重要的是保持勇气。如果我们知道为什么要做这些事，才能更顺利地解决问题，并且重振信心和勇气。我们所做的事愈有意义，就会有愈强的动机去解决遇到的难题。

2. 脱离生活经验的束缚。我们对自身的价值知道得愈少，就愈会觉得受到束缚，当我们认识了自己的目标、愿望和天赋，并把这些和自己的经验互相协调，束缚也就会自动消失。如果挣脱了那些束缚，我们会得到整体的意识，并找到内心深处的和谐与快乐。我们可以、也应该去探究一切，我们有追求快乐和意义的权利。

3. 让潜能获得最好的发展。长期停滞不前的人，必定感到无聊或遭致失败。改革的中心原则是：你应该成为超越自己的人。我们当然得不断提高自己的目标，这并非不好的野心，而是人类的本性。

4. 让生活不被其他娱乐主导。如果工作没有挑战性，我们也就不需要全神贯注地投入。我们的思想自然会出现混乱，让电视里平庸的谈话使我们分神。我们在电视里看到的“生活”，实际上是一种表演，是演员对现实生活的模仿。在这种方式下，空虚只能暂时被填补。

电视是一个脱离现实的世界，随着每个在电视前被消磨掉的钟点，生命正一点一滴地流逝。电视节目和其他相似的代替品，就这样盗取着我们的能量，而不给予回馈。

5. 得到一幅整体的画面。一只苍蝇会从电视屏幕上看到什么？它只会看到许多的黑点，没有结构。许多人会有相似的感受：他们的生活由许多彼此间没有关联的部分组成。然而一个主要的目标，会让生活里的所有部分凝结成一个整体，所有事都会在突然间充满意义。

6. 成就一番终身的事业。我们当中，也许不是人人都能成就一番大事业，但每个人都可以怀抱热情，把每一件小事做好。生命中有四项应该履行的义务：生活、爱、学习和成就终身的事业。在前三项中，每一项都足以让人感到快乐，但是我们对于第四项，仍然还是有所需求：成就一番终生的事业，缔造一个传奇。目前为止，我还没有遇到过任何一位有想法的人，会不想创造比生命更永恒的东西，例如基金会、书籍、企业、孩子、花园、艺术品。

7. 知道生命里更深沉的意义。我所遇到的那些过得最快乐的人，都是在自己的生活里找到崇高意义的人。他们的想法是，自己在为一件比生命更伟大的事而工作。

飞跃的本质

飞跃就是我们能在工作中所达到最美好、最满意的状态。

契克森米哈赖（Mihaly Csikszentmihalyi）教授，是这方面最具权威的研究学者之一，他曾经针对十万多位来自不同国家的人，进行个人飞跃经历的问卷研究。以下是他的总结：

1. 内在和谐的最佳状态。
2. 一种正在塑造自己生活的感觉。

3. 最深沉的思考和最高状态的热情。

4. 心灵深处的幸福和快乐。

5. 生命中最美好的时刻。

6. 极度的兴奋和最佳的自我感受。

攀岩者会在悬崖峭壁上经历这种状态；音乐家会在全神贯注的演奏中经历到；计算机专家会突然间感觉到，自己是计算机内部不可分割的一部分；而我则在写作和演讲时经历了这种飞跃的状态。

飞跃的条件

飞跃的状态不会任意出现，必须由以下成份构成：

1. **明确的目标。**我们需要一个方向、路标、理由或是动力。

2. **力量。**我们感受到来自于本身的一股巨大力量，而这股力量驱使我们完成美好的事业。

3. **相应的能力。**我们的能力必须与挑战相结合，我们必须知道为什么学习。相当重要的一点是：你的能力愈强，就能经历更多飞跃的状态。

4. **全神贯注。**将所有的后顾之忧和问题抛诸脑后，消除内心对成功与失败的顾虑。

5. **超越自我。**我们感觉到自己成为工作的一部分。攀岩者成为岩石的一部分，外科医生的手术小组成为一个生物体。

在这种状态下工作，其实是一种神秘、充满灵性的行为。

6. 反馈。我们能立刻感受到自己所做的事有多么成功。我们会感觉到，自己在正确的地方、正确的时间，做正确的事。

7. 变动的时间感。每一分钟在膨胀，每一小时在缩短；就像惠妮·休斯敦（Whitney Houston）的歌“One Moment in Time”（刹那永恒）所唱的那样：感受永恒，时间在变化着，时间在消逝。

8. 体验事物本质。我们应该顺应事物本身的特性而行事，而我们常常会与之相违背，这只是因为我们必须，或期待这样做会有好处。但是，当我们在做一些事情时，这种方式并不正确。

你体会过浪费生命的感受吗？你是否感到从未真正活过？或你曾有过这种经历：某些曾经在一段时间里作为你动力的目标，突然间失去了让你为之奋斗的意义，不能再给你足够的力量？

我坚信，富裕和幸福是我们与生俱来的权利，但我们应该为此行动，之后才能够实现“我们必须为之努力”这个目标。当我们经历过之后，便能体会到其中的意义，我们将不再得过且过，也不会轻易就感到满足。我们会继续不断索取自己天生的权利。

飞跃的好处

1. 改变大脑的生理状态。每经历过一次飞跃的状态，我们都会有所变化，会愈来愈清楚自己是谁。

2. **有了学习和成长的动力**。我们会变得更加好奇，更有兴趣探索一切好奇的事物，并战胜挑战。

3. **拥有清晰的思维**。我们很少会有意识地寻找那些没有明显关联，并让自己感到沮丧的事，但飞跃的状态会战胜大脑的混乱。

4. **提升成就**。我们的创造力和成功机率会大大增加，我们无法长时间在同一层次上感受到这种状态，如果要不断经历飞跃的状态，就必须不断自我提升。

5. **更强的自信**。我们的自信会随着每一次的经历而不断成长。

6. **变得更加健康**。压力对我们来说，不再是负荷；飞跃的状态将会对我们的健康有明显的贡献。

7. **获得宁静**。我们将透过飞跃认识生命的和谐与统一。飞跃的状态让人不再疏离，而是去参与。如果有人一心想要取得好的成就，就会在乎结果，而飞跃的状态会教我们寻找经验。

由此，飞跃的经历会在未来不断地协助你。那些成功人士的成功之处，在于他们试图将自己的一生，变成一种独特的飞跃经验。他们生活中的每个部分能够组合成一个整体，给予所有行为一个某种意义。

生命的意义在于展现价值

当我获得了财务上的自由时，我还很年轻。我已经实现了自己梦想中的目标，但也很快就发现自己并不快乐。到底发生了什么事？有很长的一段时间，我能经由对财富的追求，来填补自己的空虚与无聊。但很快地，原有的目标已经无法再让我产生动力，我开始期待未来能有更深的意义。当我们确定自己的任务之后，所做的事才会有意义，我们会感觉到自由。心理学家弗兰克尔（Victor Frankel）曾对此说过：“一个知道自己为何而存在的人，才能够承受生命里的所有问题。”

如果你拥有世界上所有的金钱和时间，你会做什么？如果你不断问自己这个问题，总有一天你会找到答案。然后将会明确地知道，其实你已经拥有一直想要的时间和金钱。乔布拉医师说过：“我们每个人都拥有别人没有的东西。总有一些事情是你可以做到，而其他人做不到的，试着找出来，并珍惜它们。如果你做的是那些你胸有成竹的事情，你将永远不会在事业上经历失败。”

灾难就像铜板的两面

我完全能够理解，读者读到这里时，一定会有人感到无比愤怒。当有人刚失去工作，连怎么付下个月的房租都不知道，或者同时还面临其他问题时，会有这种情绪反应是很正常的。其他人或许正和自己的老板产生很大的分歧，还有些人也许正被债务压得喘不过气，而这时我还在此侃侃而谈，生活应该是独特的飞跃经历，听在那些正经历困难的人耳里，未免有些刺耳。

然而，我却想对这些异议提出反证。我相信，我们每个人迟早都会在生活中经历困难时期。如果有人认为："我比其他人都过得不好。"这只是在欺骗自己。重要的是，我们不能把自己遇到的困难当成借口，成功人士不会这样建造出自己充满尊严和意义的生活，他们即使经历困境，也一样快乐。我二十六岁时经历过破产，还曾两度被病痛折磨。无论病痛，还是破产，只有当再也找不到转机时，才会真的变得严重。这两次，都有人离开了我。我知道，生活并不只是明快悦耳的交响乐，还会有阴暗的一面，甚至很灰暗的时候。

每个人都知道的是，我们要从过去的经历中学到什么，取决于我们自己。灾难总有两层涵义：过去的结束和新的开始。在灾难中，我们也可以寻找机会，我们愈早开始寻找，也就会愈早找到。对失业来说如此，对生活的危机也同样如此。

要回避生活里处处可见的危机，实在太难。最好的方式是，学会如何去应对。

早在公元1300年左右，诗人但丁（Dante）就曾在《神曲》

(Divina Commedia)里写过意义危机的问题: 在生命的旅途中，他陷入了中年危机。他离开了正确的路，却在森林里迷路。有三只野兽悄悄跟踪他，让他非常害怕：一头狮子、一只狐狸和一头母狼；他们代表着野心、欲望和贪婪。他想离开那座山，以为独自一人便会没事，而事实上，这三只野兽却离他愈来愈近。他向弗吉尔的幽灵求助，幽灵说，他有一个好消息和一个坏消息。好消息是，有一条路可以走出森林，而坏消息是，这条路得经过地狱。

这段诗词非常地吸引我，然而我坚决反对他的第二个消息。我不认为我们的路必须要经过地狱，我相信每个人都可以在生命中更早的时候，就开始寻找生命的意义。每个人都可以考虑要如何将飞跃的经历，变成生活的必然部分。遗憾的是，大多数的人总是在经历失败后，才开始这样做。

想象二十五年后的自己

想象二十五年后的你遇到现在的你，你会认出那个二十五年后的你吗？你会为他感到自豪吗？二十五年的时间不算短，他有好好把握每次的机会吗？他看上去满足吗？他是否过着充满尊严和意义的生活？

从现在来看，二十五年是很长的一段时间。如果回首过去，时光却是飞逝而过，你认为那个年长的你，会对现在的你说些什么？他会对你有什么样的建议？什么是他想从你身上看到的？面对二十五年的岁月就这么飞逝而过的事实，什么是你想立即改变的？

你也许早就注意到了：那个比你年长二十五岁的自己，早就存在于你的世界里。他想要和我们说话，我们只须学习倾听。他想告诉我们一些事情，向我们解释生活中的问题：关于生活的真谛，关于给予，以及我们是属于某个整体的一部分，他还想跟我们解释死亡。

死亡也是生命中重要的一部分。遗憾的是，它被今天的现实世界排拒在外，它应该尽可能安静并且不引起注意。如果老人能在家里一直待到临终，那将会好很多；这不仅对老人而言，也是为了我们自己。我们将再度经历死亡，并更经常思考生命的意义，以及那些真正让我们快乐的事。这样当我们遇到二十五年后的自己时，一切会变得简单些。

把握现在

一部非常值得推荐、由罗宾·威廉斯（Robin Williams）主演的电影《春风化雨》（Dead Poets Society），说到了这个关键的问题：一位教师接手一个新的班级，学生们急于想知道他会先说些什么。令人意外的是，他请所有的学生都站起来，跟着他走出去。他带领学生走出教室，穿越走廊，一直走到一块公布栏前，上面挂满曾在这所学校就读的学生照片。

由于每位学生都穿着制服，所以每张照片看起来都很相似，但这位教师想对学生透露的秘密是，他们如何在自己身上找到特别的、与众不同的地方。他说道："照片里的学生有话要告诉你们。如果走近一些，你们就会听到。”于是学生们靠近公布栏，但什么也没有听到，这位教师就要求学生们靠得更近一些。

一切变得更加有意思。当学生们摒着呼吸，差不多把耳朵都贴到了公布栏的墙壁时，这位教师用一种似乎从照片里传来的声音说：“把握现在。”一个永远不变的真理是：今天是一个机会，仅有一次。无论阳光灿烂，或是阴雨绵绵，每天都是奇迹的开始。你怎样利用自己的一天？或者该这样问：你难道不应该好好把握每一天，去做些有意义、有尊严的事，并享受其中飞跃的感觉吗？

我想问你一个关键的问题：在你的工作中，每天都有让你发挥专长的机会吗？你的工作给予你多大的可能性，让你发挥天赋和能力？如果你从事太多与能力不合的工作，你就不是在好好把握每一天。生活的真正悲剧，不是我们没有足够的能力，而是当中有很多人拥有能力，却没有用武之地。

别让自己成了空心的甜甜圈

美国有一种像夹心面包的甜点叫甜甜圈（Donut），只不过甜甜圈中间有个洞，而夹心面包中涂的却是果酱。

很多人遵循着甜甜圈原则：他们不为自己的事业营建一个

核心。这种事业没有支撑点，也可以说没有意义。他们不应该在第一步还没走稳之前，就迈出第二步。你应该花些时间去找到答案，发现自己的核心，并且围绕这个核心营建事业。诚实地看待自己，找到自己真正喜欢的事；而不是那些因为获得大家的好评，所以你愿意去喜欢的事。

本书的第二部是围绕着这个话题开始的：你如何找到生命中飞跃的感觉和意义？因此下一章的标题是“如何找到合适的工作”，这一章并不只考虑到失业者。我知道，很多失业者对于丢了饭碗有两种态度：一场可怕的灾难，或一次寻找更有意义工作的机会。我的建议是，我们应该把失业看成新的机会，是一次对自己提问，进一步认识自己的绝佳机会，也是一次探

索生活热情和如何创造飞跃感觉的机会。

把尺缩短而显示自己高大，是毫无意义的。在我们追寻满足的时候，不应该忘记核心课题。如果真的想在生活中获得成功，就不能回避那些重要的问题。这些问题为我们指出通往成功和满足的道路，以及梦寐以求的收入。让我们立即开始！

第二部
提高收入的使用手册

第六章
如何找到合适的工作

对自己出生的村庄一无所知的人，也就找不到自己要找的村子。

——中国谚语

就算是失业的人，也和其他人一样，绝对不要只为了金钱而工作，也不应该只为了赚更多钱而工作，因为这并不高尚。除此之外，如果你有这种想法，得到的机会永远不会太好。

我们应该寻找符合自己理想的工作，你会对这份工作感到很有意义，并拥有自由而快乐的经历。当我们工作时，将会得到一切应该拥有的权利，而不需要花时间去考虑生活中的各种问题。要找到这种工作，需要的是勇气，因此请务必认真体会本章内容——无论你现在是否有工作。

工作的意义

调查显示，只有28%的人能从工作中感到快乐，薪水对于大多数人来说，基本上是一笔从痛苦中赚来的钱。很多人对于职场的概念，只是目前有些什么工作职缺，但致命的是，却忽略了自己的能力和兴趣。职场和职缺，决定了大多数人的命运。我想问你：是什么因素决定了我们该做什么工作？我们不是应该要听从内心的需求吗？我的建议是，请忽略你的经济问题，去考虑你真正想要做的工作。有太多人不知道自己到底想要什么，然而当他们没有得到想要的东西时，却又会不停埋怨。

本章是一篇指南，教你找到自己想要的工作。你认为这种建议没有用吗？但事实是，没有人能比得上一个找到生命意义、听从自己内心需求的人，更有责任感。不去考虑生命中的责任，就等于隐藏自己的能力，我们有责任找到一份高尚又充满意义的工作，之后我们才能感到快乐，以及真正地去帮助别人。

针对前文陈述，我知道可能会有三种不同意见。第一个是："如果所有人都想要这么做，那之后呢？"我的回答是：可惜从来不会如此。即便只试一次，也不是所有人都会这么做，因此你也就有了更多的机会。

第二个不同意见是："造成这种可能的政治系统会怎么看？"我的回答是：我不是政治家，也不需要对政治系统负责。创造出健康的经济体系和稳定的工作环境，才是政治家的任务；我的工作是让个人，比如你，在既成的条件下，拥有满意的职业生涯，并赚到大量财富。

第三个不同意见是："这不是对每个人都可行的。"我的回答是：没错，这也很糟糕。幸运的是，我们享有很大的自由，只要我们能坚持正确的道路。有些人根本不想为了成功和获得更高的收入做些什么——对他们来说，这本书毫无用处。但只要准备好要付出，就会有作用，就会有收获，我在自己的讲座上见过无数次这种情况。有些充满自信的人，总是站在自己的立场说："想要在工作中感到快乐，不是每个人都可行的。"这些人是谁？他们怎么能自以为拥有了很多，而对那些不满意目前生活的人妄下断语？工作不只是为了养家糊口，还有更多的意义。

掉进生命的大黑洞

一件事无法单独显现出差异，必须看我们如何解释。禅宗有这样的一句话："对情人来说，美丽的女人是他的女朋友；对禁欲者来说，那是让自己分心的东西；而对狼来说，那是一顿美味的食物。"

我们的工作也是如此：决定我们命运的，不是我们经历到的事，而是我们如何去看待这些事。我认识一些曾经丢掉工作的人，他们现在会说：“如果我没有丢掉饭碗，还是像以前那样工作，将会是非常可怕的灾难。我经历过最好的事，就是被解雇。”

当然，这种反应只有少数人会有，多数人总觉得失业像是掉进了巨大无边的黑洞。其实这根本不是那么糟糕的事，请不要在这个洞里待得太久，也请不要从别人那里寻求同情，或自叹自怜。

我知道，在你刚被解雇的时候，就要你立刻接受一种积极的态度，这并不容易。我从来没有经历过传统意义上的失业，但我的生命里也发生过类似的遭遇。当时，我正和第二个师父一起成立公司，并为此感到相当兴奋。之前我曾向他学习，现在我则把学到的知识用到实际中。这是一件很重要的事，我也卯足全力，从早到晚不停工作。可是七个月后，当我开始赚钱

时，师父却突然把我解雇，而且完全没有事先告知，也没有充分的理由。

由于我是共同创办人之一，他完全没有理由“解雇”我。在法律诉讼中，我也能胜诉，但我没有这么做，因为我从他那里学到很多。我不希望让这段我在生命中学到最多东西的时期，被肮脏的法律争执掩盖。但请相信我，我当时真的认识到了生命中的黑洞。在我被解雇不久之前，还曾去过师父的别墅，在那儿待了很长的时间，并且和他好好谈过，他也在其他伙伴前特别赞扬我。但三天后，我由传真收到他的解雇通知。之后，他有一个星期拒绝和我交谈。

午夜，就是一天的开始

我必须注意不让自己落入“公平”的陷阱中。这也许不公平，但又有什么用？更糟的是，师父对我而言就像亲生父亲一样（父亲在我十三岁时去世了），因此当时我受到很大的伤害。此外，由于这件事，我对其他的新事物一点也不感兴趣。有好几天我瘫坐着，顾影自怜。差不多有三个月的时间，几乎什么也没做。

接着我开始写作，从这件事中汲取教训。在我被解雇六个星期后，师父在电话中和我简短交谈，他说：“你不再需要我了，去做你自己的事吧。”

正好我也已经这样做了，我写了《经济自由之路》（Der Weg zur finanziellen freiheit）一书，这本书已销售了超过二百五十万册，而且登上畅销书排行榜第一名，维持超过

一百一十周。当时谁知道我何时会写出这本书，也不知道会不会写成，然而受到这次成功经验的鼓舞，我继续写作其他的书，而且本本畅销，我达到了前所未有的满足。后来我开始演讲，并帮助很多的人，也让我赚进了很多钱。但这一切，却来自于一次解雇。我从这当中学到，对同一件事的看法和评价会有多大的差异。记住，午夜就是一天的开始。

如果能用时光机器到未来旅行几年，那么所有事都会变得简单多了，我们会见到自己决定的结果和快乐结局。

告诉你一个好消息：的确有这样的时光机器，那就是我们的想象力。当我们倾听自己内心，就能认识到未来。未来早已存在我们心中，如果我们仔细去看，就会注意到自己体内的种子正在萌芽。我们会看到，自己会成为什么，爱因斯坦（Albert Einstein）曾说：“幻想就是一切，是生命中将要来临的事的预演。”如果我们没有想象，也就没有努力的动机。此外，我们要和周遭那些相信我们、也相信未来的人，团结在一起。只要我们正在寻找，并描绘未来，就能在突然间找到新的道路和机会。这些自我实现的预言将会变成事实。

失业后依然保持前进的动力

如果你失业了，可以按照以下的四个步骤前进，其中第二个步骤到第四个步骤，也适用于其他人。

1. 抱持正面的想法。被解雇的人，起初当然会感到相当难受。但过了一段时间后，你应该对自己说：“在我之后回顾时，这次解雇是场灾难，还是新的开端，完全取决于我的想法。”所以你该做的第一步是，对失业抱持正面的想法。但请注意，建立信心总是困难，而要保持悲观却很简单。

请避免掉入“公平”的陷阱——不要去寻求怜悯，也不要自叹自怜。你应该对自己感到骄傲：“谁能像我在失去工作后，还能过得这么好？”

2. 不要马上找新工作。这一步也许会让你吃惊，请利用一到三个星期，回答一些重要的问题。请找出什么样的工作，对你而言才是充满意义，并能带来飞跃的感觉。

在刚开始的二十天，绝不要只是为了赚钱而随便找份工作。找出让你感到疯狂快乐的东西，但别误解为是要你变得懒惰。如果你在二十天内，没有找到让人满意的答案，当然要再去找一份工作。时时担忧生存的问题，自然不能让人好好找出确切的答案，但请不要停止寻找，哪怕你已经找到了新的工作。

3. 表现得像根本没有失业一样。这个步骤或许也会让你吃惊，但请继续从早上八点半工作到下午六点。对某些人来说，这甚至要比前一份工作的时间还要长。清晨起床后，穿好衣服，就像要去工作一样。最理想的情况是，你离开家，找一个不受干扰的地方。也许你可以借用此时正在上班的朋友家。表现出纪律，这样可以避开当前的大敌：没有进取心。你这也是在证明，没有人能阻止你工作，你也许失去了特定的工作，但并非再也找不到工作。你可以自己决定什么时候工作，以及想工作多长的时间。

你知道，失业者每星期平均花多少时间来找新工作吗？答案非常可笑，只有五个小时。这些人并不只是没有职业，也没有真正工作过。在这一章我要告诉你，在这段时间里应该做些什么？你会看到，我是特别选出工作这个概念的。

4. 为下个一百天订出一份计划表。用十天至二十天来考虑这个问题，什么让你真正感到快乐（有意义并飞跃）？接下来的八十到九十天，采纳这一章的建议，去找一份工作。

我向你保证，如果按照以下所写的去做，你必定能在一百天内找到让自己非常快乐的工作。在本章后面的内容，你会看到：

1. 如何找出自己的价值和飞跃的状态。

2. 如何发现一份能够施展能力、感到快乐，并经历飞跃状态的工作。

3. 如何经由行动和面试，得到合适的工作。

超级点子

准备一本认知日记，回答所有的问题，并做所有练习，而且一定要写在书面上。

◎ 花十到二十天的时间。在这段时间里，不做任何其他的事，好好地规划：你什么时候想做什么事。

◎ 找个不受打扰的环境。你需要安静和灵感，如果你还有钱，甚至可以到山里或海边（很有意思的想法：你现在失业，但却去“度假”），但一定要有固定的工作时间。

◎ 我们写下自己的想法，会有个架构。我的认知日记是一本可以经常学习的书。

◎ 记录下你认知的东西，尽量多写。不然我们最棒的想法常常会一去不返。

◎ 如果你没有勇气，请翻开这本日记。你会惊喜地发现：“我曾经有过这种感觉，情况甚至比现在更糟，但一切都好了起来。”

◎ 我们可以犯错——但尽可能不要再犯。如果我们没记下错误和经验，那再犯的危险就大得多。

◎ 如果我们深入思考，那么脑中的一切会开始模糊起来：思维阻滞。这是许多人无法继续思考的一个关键点。事实上，你正面临认知上的突破。现在，你不必重新开始这个思索过程，而可以藉助你的笔记，从你中断的地方继续下去，突破这一点。

认识自己的15个问题

我想为你指出一条路，告诉你怎样找出真正能带给你快乐，并符合自己能力的事。你将在以下发现一连串的问题，如果把答案记在“认知日记”上，那就非常有帮助。当然，你不需要回答所有问题。请找出自己感兴趣，且针对你而来的问题。

1. 如果你不能失败的话，你会去做什么？（这能够显示出你真正想做的事。）

2. 你最想要做哪一种人的工作？那些人的工作内容是什么？为什么会让你这么向往？

3. 什么会让你快乐？（你喜欢哪一种环境？喜欢做什么？喜欢读些什么？喜欢聊什么？如果你要写一本书，会写什么？）请至少写下五十种真正能让你快乐的事物。不要去想这些东西是否与工作有关，否则你会受到限制。

4. 你做什么事最能发挥专长？你的天赋（与生俱来的）和能力（在生命成长中学到的）是什么？最好写下五十到一百种。

5. 你拥有哪一种天赋？（这应该是学校首要和最重要的义务）至少有以下十一种不同的种类：

(a) 音乐

(b) 语言

(c) 知识（活的百科全书）

(d) 数字

(e) 物理

(f) 美术

(g) 生物

(h) 社会

(i) 直觉

(j) 企业家精神

(k) 表演

6. 记下十个你最重要的成功经历。自问：我运用了何种天赋或能力，因此获得成功？我是否还有其他能力，可以用来获取更多的成功？

7. 如果你只能再活六个月，你从今天起会做什么？

8. 你会在什么时候展现你与众不同的精力？在什么样的情境、在什么样的前提，会特别激发你？你能自行创造出这种情境吗？有哪种工作会经常出现这种情境与前提？

9. 你已经清楚什么能让你快乐，也知道了自己的能力。请把这两张名单放在一起，记下在这两张名单中重复出现的东西，这张新的名单非常重要。

10. 拿着你的黄金名单，并想想如何把这些元素整合在一起。

11. 记下你生命中所有重要事件，根据时间顺序排列，组成一个圆形，从你出生后的第一件最重要的事件开始，自问：我的决定是受到了其他事物影响（别人的意见），还是我自己做出的决定（自我的决定）？什么时候的我会更成功？

12. 在记下了生命中的所有事件后，再减为五到十个最重要的里程碑。记下你生命中最重要的事件，自问：在那段时期里，我的生活屈服在哪一种发展过程下？请你试着写下，你生命中的里程碑如何从一个过渡到另一个？（我在美国六年的“流浪生涯”中，我想要自由、想要冒险。在之后的变化中，这两点也起了决定性的影响。）

13. 当你注视着人生中的里程碑时，你是否看到了一条串过生命的红线？是否有某个主题、某项需求不断出现？

14. 想想自己遭遇过的不幸事件。是什么因素造成的？为什么你过去的经历，今日能用来帮助别人？（因为我在二十六岁时就破产，我找到了一位师父。如果没有这个困境，我也就永远不会明白这个道理。今天的我可以谈论并写作关于金钱的话题，是因为我经历过了星形图表的两侧。）

15. 请想一下，你未来的生活将有什么价值？

(a) 什么都不再需要。

(b) 应该还能再得到些什么。

这些都是你认识并理解的价值和信条，也是可以随时改变的。

找工作之前要先找到自己

在看到本章标题时，就有人已经起疑。他们看不惯“适合”这个字眼，只因为有个陈腔滥调说：要找到工作已经非常困难，而要找到适合自己的工作，更是难上加难。

但错误就在这。事实上，你愈清楚自己想要的东西，找到工作就会愈简单容易。没人喜欢和那些不知道自己想要什么的人一起工作，而且也不是很愿意帮助这种人，因为他们不知道该从何帮起。要别人为我们设想可以做什么，其实是个过分的要求。

如果能清楚知道自己要的是什么，那对别人来说，也就比较简单，因为他们会想到自己有时也需要帮助。基本原则是，你要尽可能让那些愿意帮助你的人更加轻松一些。

图 6–1

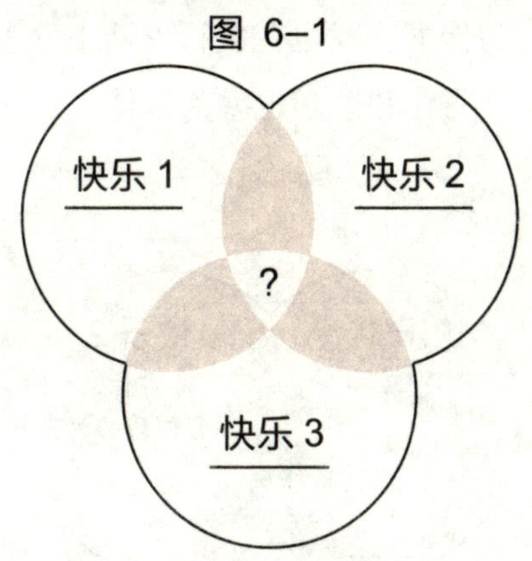

找出能力和快乐的交集

你已用了足够的时间做了练习，现在你知道什么让你快乐、符合你的能力，并能带来飞跃的感觉。现在让我们想一想，你该如何利用这些东西赚钱，也就是：哪种工作适合你？请先找出三样让你感到最快乐的东西，然后填在图 6–1 里。现在请你想想，是否有个共同的交集，结合了这三个圆形？

在图 6–2，你会看到带给我最大快乐的三样东西如何互相

配合。

1. 我喜欢旅行。
2. 我喜欢做有创造力的事，喜欢写作。
3. 我喜欢教学。

答案（交集）是：当我演讲时，我去旅行、教学并做有创造力的事。而身为作家，我也在旅行（新书发表会，让我能去新加坡和澳洲），写作和教学也融为一体。

图 6–2

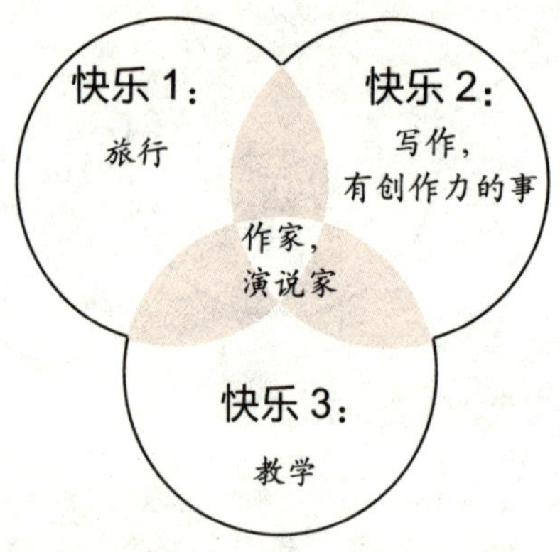

找出天赋与能力的交集

天赋是与生俱来的，而能力是由自己开发出来的。请不要把天赋和天才混为一谈，我常听到有人说：“我没有天赋。”这根本是错的，每个人都有天赋。以下是一些关于天赋的描述：

天赋是你在自然的情况下，不断出现的思想、行为和感觉。你可以从自己面对突发事件的反应中，看到自己的天赋。

为什么很多人没有发觉自己的天赋，有两个原因：第一，他们为天赋下错了定义，以为是令人难以置信、大大超出普通人之上的能力。这种看法不仅不正确，还夺走了每个人的动力。就算你无法像莫扎特一样演奏音乐，或不能像贝肯鲍尔（Beckenbauer）那样踢足球，也不要丧气，这只是一些特例。很多人运用了他们“普通的”天赋，做了出众的表现。

第二点，很多人没有发现自己的天赋，因为他们没有运用它去工作。天赋蛮狡猾的，不会让我们立刻注意到。由于我们常把天赋视为普通且理所当然的，因此才会让天赋遭到忽视。

现在，请你找出三项特殊天赋及能力的交集。你的能力及天赋能与哪些工作相符，并完美互补？有很长一段时间，我认为自己没什么特别的天赋。几年过后，我认识到自己的能力（图6–3）：

图 6–3

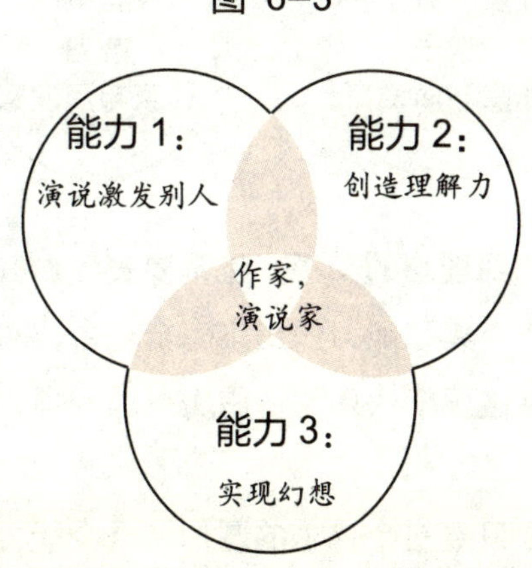

1. 我能清楚表达自己的意思，并激发别人。

2. 我能把难以理解的道理重新组织，变得简单易懂。

3. 我有毅力，并能实现幻想。

这里也有一个可能的交集：作家和演说家。

现在的问题是：你从自己的两个交集里，再找出一个共同的交集了吗？你是否找到了一项活动，包含了这三样东西？这让你感到特别快乐，也同时让你运用了三项最佳的能力。

写下让你快乐的交集，以及你能力的交集。

如果所有的能力和快乐都能互相配合，当然是最理想的状态。以我为例，如图 6–4。

图 6–4

交汇处： 快乐 作家与演说家	↔	交汇处： 能力 作家与演说家

如果没能找到理想的交集，也不要丧气。其实，我们根本不需要让快乐的交集和能力的交集完全相合。对于让生命感到满足来说，只要这三个快乐的饼图表中的一项，和你的能力相符就已足够了。

是的，甚至只要有个快乐的圆形与一个能力的圆形相合也都足够了。在此，你应该把你所知道的快乐和能力归纳清楚。首先是能力，只是去做自己喜欢做的事情是不够的，例如爱因斯坦对音乐有强烈爱好，然后才是物理；他用激情演奏小提琴，但可惜只是中等水平。想象一下，他其实也是先做让自己快乐的事。所以你应该先确定自己的能力，然后才去看是否有与之相关、让你快乐的东西。

请别人帮你一把

在我的讲座中，经常会看到有些人能很快找到答案，而另一些人则坐在那里苦思冥想。我总是要求后者在下一次休息时，去和其他人聊天。这也正是我要给你的建议：尽可能将你的这些图表给更多的人看，然后问他们要如何结合这些圆圈。

别害怕和一些拥有你“梦想工作”的专业人士谈话，你可以这样问他们：“我想和你谈十分钟，了解你的工作，我应该付给你什么？”同时你也要表明，你想确定自己没有走错了路。要知道，大多数的人都是先开始工作，然后才了解他们的工作到底是什么。

勇敢找寻适合自己的工作

你现在了解了自己理想工作的大致轮廓，现在缺少的只是一份合适的工作。一般来说，失业者用的是以下四种方法找工作：

1. 上网寻找。
2. 乱枪打鸟般寄出求职信。
3. 回复征人启事。
4. 寻求劳工局（或其他的职业介绍所）的帮助。

坏消息是，这些是你能选择的最不适当办法，成功的可能性很小，所以最好别这么做。许多失业者都在寄出无数份求职信后，才察觉上述方法并无法成功。为什么你不去试试别的办法？也许是因为你不知道其他的途径，但有可能的是：你不想使用其他的途径，因为你害怕听到否定的答案。

这让人讶异，人们不肯尝试或放弃一切，只是不愿意直接听到一个“不”字。

首先，一定有足够的工作机会，而这份适合你的工作，在一百天之内将会属于你。请看一下以下的数字：据估计，在德国每年大约有四百七十万个新的工作。新的工作被创造出来，因为有人升迁或退休；有些人离开了他们的工作，则是因为搬家、疾病或死亡。

最好的工作从来不会出现在征人启事或劳工局里。这些最好的工作，多半时候根本没人去应征！据统计，只有1%到2%的工作被刊登在征人启事上。如果你写求职信，大概没有多少机会能得到它们。

我现在想为你指出一条路：如何在一百天之内找到一份工作，而且是能让你感到快乐的工作。但首先你必须发誓，你会排除那些不敢面对拒绝的胆怯心理。那条路多半是恐惧所在之处——找工作也是如此。

向老板证明自己的能力

你觉得雇主想要的是什么？是一封漂亮的、有创意的、完美无缺的求职信？不可能！如果我面前堆满了六十封以上的求职信，那我首先只做一件事：尽快从中选出三到四份，以缩小选择。要做到这一点，我会浪费一到两个钟头（也许是我的秘书来做这件事）。

但无论如何，我不会不了解情况就下决定。我要先了解求职者，知道他是真的有能力。那什么东西能帮助我呢？天花乱坠的演讲？当然不是！要让事实来说话。对于雇主来说，最有效的，就是让他看到一个有责任心、目标坚定，并且有创造力

的应征者。

就像以下这则发生在美国的故事，雇主都希望能找到这种员工：有个人去一家餐厅应征，尽管他已约好时间，但还是要等上两个小时。他利用这两个小时在餐厅闲晃，发现这家餐厅的厕所很脏，所以就打扫了一番。接着他还找了一把小刷子，刷干净了所有墙角，擦得闪闪发光。当老板终于出现，这位应征者带他参观了厕所。行动胜过言语，这段时间没有被白白浪费。年轻人利用了自己的时间，因为他真的想要这份工作。他了解那个自然规则：先付出，才能收获。当然，他也得到了这份工作。

你必须时时注意自己，更必须证明，对于这份工作来说，你与别的竞争者完全不同。难道你仍然不觉得这比一封漂亮的求职信，更具有意义吗？求职信并无法回答让雇主感兴趣的关键问题，他要知道的是：

为什么这个人要在这工作，而不是其他地方？

这是个什么样的人？他能做什么？他与其他竞争者有什么不同？

我请得起这个人吗？他想要多少薪水？

如果你选择了一条让雇主喜欢的路，回答了他这三个问题，那会如何？现在就有这样一条路，而且还能节省时间。但你或许必须克服心理障碍，因为你害怕听到“不”这个字。别怕：这是值得的！

找到工作的最佳办法

1. 向朋友和熟人打听。如果你告诉所有认识的人自己在找工作，将会有个很好的机会。愈详细描述你希望的工作，他们也就能更容易地帮你。

当你在找工作时，你要约好时间，固定打电话给你熟识的朋友，让他们一直记着这件事。然后问他们："你认识什么人，这个人认识其他有工作的人吗？"如果你持续这样做，你在一百天之内找到工作的可能性会增加40%。

2. 打电话给你感兴趣的公司。这里有项找工作的重要规则，能让你有更大的机会，在没有刊登征人启事的公司里找到工作。

问问你的朋友，看他们是否知道，有这样对你的能力和专长感兴趣的公司。在电话簿里找与你条件相符的行业和公司，然后打电话给他们，试试和该公司的人事主管联系；如果是一家小公司，就直接去找老板，和他们取得联系。请简短描述你想做的是什么，什么和你能力相符，让他们留下印象，你就是他们公司需要的人，并且提出不超过四分钟简短对谈的要求。

雇主害怕那些浪费他们时间的人，因此你一定要记住，在四分钟后问这问题："我现在应该挂电话了吗？或你有兴趣和我再谈下去？"当然，你一定要让彼此的谈话持续下去，只是现在让雇主来决定，这会让人留下更深的印象。

你害怕这样做吗？我要提醒你：最好的路就在恐惧所在之处。请相信我，只有前十通电话会比较困难，之后就很容易。

如果你打给两百家公司，那你找到理想工作的机会，将会增加70%。

3. 直接去这家公司。请先列出一张会被问到的问题，然后再做计划。你每天最少要前往四家企业，一个星期去二十家。有些你已经打了电话约定时间，其他的就直接前往，这两种方法都要试试。准备好四分钟的简短介绍。以下几点，你应该提到："我在某些方面表现杰出，也让我感到快乐。我相信，贵公司会需要我的原因有以下几点……。四分钟现在已经过去了，你觉得我有机会吗？你愿意和我继续谈下去吗？"

如果你能留下良好印象，或帮这家公司免费解决某个问题，你将有很好的机会。如果这家公司没机会雇用你，但你们的谈话很融洽，那你就可以询问他们是否能为你推荐："你知道有哪家公司可能需要我这种人吗？我能告诉他们，是你推荐我的吗？"取得推荐，是这一百天里相当重要的一部分。你要经常去问："谁认识这个我不知道的人，或我不知道的公司？"

如果你真的寻访了二百家公司，你就能够得到工作，我在此保证！但要记住：我说的不是二十三或四十七家，而是二百家。

超级点子

当你找工作时，别用一般的方式。如果你做大家都做的，得到的也是大家得到的，这就是为什么有人长年累月一直在失业的原因。

◎ 问你的朋友和熟人："你知道谁有工作吗？"或：

“你认识什么人，他认识某个人，那个他…… 。”

◎ 直接打电话给公司。

◎ 亲自前往这些公司。

◎ 征询每家公司的推荐。

◎ 要求免费工作几天。

面谈时该注意的八件事

如果开始的四分钟已经过去，但老板仍然愿意和你继续谈下去（或与你订下新的会谈日期），那你就有了很好的机会。但第一次面谈有几项重要规则：

1. 不要多谈自己。回答你该回答的问题，但不要长篇大论讲述自己的过去。注意你的谈话对象，只要他很安静并趣味盎然地听你说话，就表示他想了解更多。如果他开始在椅子上不安地动着，并玩弄着手指，就表示他想结束谈话了。

2. 谈话内容指向未来。如果你花愈长的时间谈论可能的合作前景，你的机会也就愈高。最好是你自己来问问题：“谁将会是我的老板？我的工作性质将会是什么？我应该向谁报告？我该做些什么？谁在我之前做了这份工作——他喜欢什么？不喜欢的又是什么？”

3. 别太早提到你的权益。第一次会谈提到这个问题，绝

对太早。雇主不会随便下决定，更不想在还没决定前，就商谈权益的事。谈你能为这家公司做什么，而不是这家公司能为你做什么。

4. 表现出学习的欲望。你要问：“我能学到什么？贵公司五年之后的计划是什么？将会需要什么样的能力和优点？我将会与哪些优秀员工一起工作？我将从他们身上学到什么？”

5. 要求免费为他们工作几天。这么做不只是为了让老板了解你，也会让你有机会去适应这家公司，以及你的老板、同事、工作和工作环境。

6. 在谈到关于薪水时，不要先提出数额。关于如何成功谈出令人满意的薪水，下一章将有更多说明。如果老板坚持要你说出一个数目，你要有个回旋空间：“视工作而定，就在三千美元到四千美元之间吧。”

7. 谈话时，先不要递上你的求职数据。你要说你没带，但明天马上寄来。这样有个好处，能让你从谈话中知道该在求职数据里写些什么，这样也可让你掌握谈话的节奏，谈及其他的重点。你也要问：“我的求职数据中，有什么东西对你来说是重要的？”

8. 在面谈后，寄封简短的感谢信。如果你并没有失业，我也推荐类似的作法。但这会持续更长的时间，因为“可惜”的是，你不像失业者那样，有这么多时间可用。你要利用休假时，厘清自己的价值，并把能让你充实的东西（乐趣、能力、自信）找出来。如果你之后想找一个适合自己的工作，那你就能用到这一章里很多好点子。

对失业者来说，如果你持续这么做，你最后总能（最晚在一百天之后）找到一份工作。如果你能写信给我，与我分享你的经历，我会非常高兴。你拥有的不仅是份工作，还回答了有关自己工作生涯中的基本问题。你会对自己更有信心，并感到惊喜。

自信，这也是赚到更多钱最重要的前提。在下一章，我们将谈到这个题目：你如何从自己的工作及领域中，在一年之内最少多赚 20 %。也许三个月后，你就已经成功了。

第七章
争取加薪 20%

如果你胜利了，生命会向你敞开大门。

你在走向胜利的路上，会经常看到地狱，这就是生命。

但如果你坚决相信自己的梦想，就不会跌倒。

你能得到想要的一切，而且比你所要的还多。

——弗莱明斯（J. Flemmings）

如果你想要拥有更多的金钱，你能做什么？许多人想到以下两种方式：他们试着去贷款；如果这一点行不通，他们就勒紧裤带过日子。我的看法是，获得更高收入的方法，最终取决于你原本收入有多少。也许你会说："这并不容易，我们的工作有固定的形态，很难获得更高的收入。"这也是我常在提出建议时听到的回答。那什么才是正确的？谁是对的？你当然要自己做决定。如果你想赚到更多钱，基本上有五个选择：

换工作。

自己开公司。

利用自己的休闲时间，赚取其他的收入。

把自己定位为专业人士。

想办法在自己的工作中获得加薪。

我会在下一章介绍如何赚到其他收入，并让你成为一位专业人士。在这一章，我们只处理最后一点：你如何从自己的工作中提高收入？

如果你现在是位上班族，那么了解高收入的游戏规则，就很重要。如果你是老板，也可以迅速浏览本章，思考一下，如果把这些信息告诉员工，会多么有意义。我告诉你一个公开的秘密：你的员工肯定愿意赚到更多的收入，而如果你最终也赚到了更多钱，你也可以考虑与他们共享。

加薪基本功

在这一章，你不仅能获得赚取高薪的十五项守则，还能找到增加收入的详细指导。我们需要一个获得更高收入的思想基础，一共有五项规则：

1. 每个人都是自己的老板。没有人是在“为老板”工作，每个人都在为自己工作。你工作，是因为想要赚钱、在工作中找到快乐，并感觉到生命意义的存在，但你不是在为老板工作。你的能力是你贩卖的产品，而雇主就是你的顾客。你最好视自己为一家公司，如果你有这种想法，你的思想就会更加自由、更有力量。

2. 你永远只得到自己所赚到的。很多人错误地认为，他们比自己所得到的更有价值，这并不正确。正确的是，如果你真有这么好，那么赚到的也就会有这么多。你对别人的依赖性愈强，或你愈常向别人展示自己的贫穷，那自己能支配的就愈少，所赚到的也就更少。

3. 只有在了解游戏规则的情况下，才可以在收入游戏中获胜。游戏规则创造了市场，对所有人都一样，不会给任何人特别的权利，也不会歧视任何人。就这点而言，市场是公正的。不了解市场规则的人，只会处于更不利的情况。

4. 最重要的游戏规则是，你的收入高低没有规则可循。请不要说服自己，觉得规则不可改变。所有的规则都是由人制定的，而且也会改变——被你所改变。你的工作价值没有客观的标准，一直是主观的认定。也就是说，对于劳动力，没有人可以有客观而“正确”的评价——你的老板不行，你也不行。如果没有相同的评价标准，那判断你收入的高低，将根据以下三点：

1. 老板如何估计你的价值。
2. 你如何估计自己的价值。
3. 你的谈判能力。

5. 如果没有高薪，就自己争取。问题是，你如何为公司多尽一份心力？你的重要性有多高？你的知识和能力相对罕见的话，你的谈判地位也就愈有利，所以规则四在这一点上也有影响。但规则四所列的三点也没有客观标准，因此这是你的任务——让老板认识你的价值，以及你如何认定自己的价值，并是否有良好的谈判能力。

以上五点规则，奠定了我们继续思考的基础。要成功，就要建立三个最重要的前提：自信、责任心、实践。

加薪十五守则

正如成功一样，加薪也有以下十五项守则：

守则一：竭尽全力

你必须行动，并竭尽全力。以下的点子，能让你步步高升：当你在处理一件事时，要觉得好像全公司的主管都在观察你，这会有助升迁。世界上没有不重要的工作，所有值得做的事，都应该好好付出心力。如果一个人老是在判断什么重要、什么不重要，那永远不会竭尽全力。而那些他觉得“不重要”的事，也会做得不情愿，且老是出错。

以下两则真实故事，会清楚说明此守则的重要性：

钱卓拉塞卡尔（Subrahmanyan Chandrasekhar）教授在威廉湾（Williams Bay）的天文台工作。另外，他还在一百三十公里外的芝加哥大学，教授高级天文物理的课程，班上只有两个学生。所有人都等着看这堂课停课，因为他们认为，这一点也不值得。钱卓拉塞卡尔教授的决定又是如何？他难道应该为这两名学生，在寒冷的冬天里，走这来回一共是

二百六十公里的路？

钱卓拉塞卡尔教授坚持教授这堂课。他要看看，在这样困难的情况下，有没有奇迹会出现？而且只有两个学生，他可以多照顾和指导学生。结果几年后，这两名学生先后获得了物理学的最高荣誉：诺贝尔奖。一九八三年，钱卓拉塞卡尔教授自己也荣获这项殊荣。

第二则故事，发生在一位旅馆小职员波特（George C. Bolt）身上。某天晚上，城里所有旅馆的房间都被订光。当一对老夫妇站在波特面前要求订房时，他不得不告诉他们，旅馆已没有空房。当他看到这对和蔼的老夫妇失望的表情时，突然有个主意："你们可以在我的房间里休息，反正我要工作到明天一早。房间并不舒适，但至少有张床可以睡觉。"这对夫妇想要拒绝，但波特坚持己见。他们非常感谢波特的热心帮助。第二天早晨，在由衷感谢和道别后，波特再也没听过这两人的消息。在这段期间，他学到了所有关于饭店管理的知识。

两年后，他突然收到这对老夫妇的信，信里附了一张车票，邀请他前往纽约。老先生在火车站接了他，接着开车带他来到位于第五大道和三十四街交叉口的一栋大楼前，他说："请你仔细看看这栋建筑，这是一家饭店，是我为你修建的，我希望你能管理这家饭店。"这位老先生是阿斯托（William Waldorf Astor），波特就这样成了这家知名饭店的第一任总经理。

即使是一位秘书在电话里说："某某办公室，你好。"就这短短七个字，你也能听出很多不同意思，例如：我刚好不舒服、你打扰到我、我不喜欢……。而你也可以听出其他好的意思：我喜欢你、我很高兴接到你的来电、我喜欢我的工作、这家公司和我的老板……。策略在于：在“小地方”竭尽所能，好为大事准备。成功的人并非做好特别的事，他们做好简单的事。

如果能看到未来，并知道会发生的事，很多人将会更加努力。或许我们没有能力看到未来，但我们能做更重要的事：我们能创造自己的未来。你今天付出多少，将会决定你明天的收入。竭尽全力——无论你正在做什么。金恩博士（Martin Luther King）说：“如果一个人靠清洁街道维生，那么当他在清洁街道时，就应该像米开朗基罗在绘画、贝多芬在作曲、莎士比亚在写作戏剧一样。”

守则二：创造收入的活动

意大利经济学家帕雷托（Vilfredo Pareto，1848–1923）发现，我们80%的收入来自20%的活动。这个法则很多人都知道，但只有少数人从中学习。相对于你的收入来说，你80%的工作时间被浪费了，或是没有被好好利用。这80%的工作，和营业额及收入并无直接关系。例如：整理办公室、创造和谐的工作气氛、购买鲜花、接听不重要的电话、阅读闲书、处理大量的邮件。

也许你会反驳：“这些事都需要有人去做！”没错，如果没人去做这些事，一家企业长期下来不会成功。但关键在于，你什么时候去做这80%的工作？每份工作中，都有少数关键

事务，最终会影响收入的增加。收入是由活动来创造的，因此你必须先专注在这些事务上。

成功的人会立刻去做这20％的工作，而让其他80%的工作留到最后。拿破仑每个月只看一次信，为什么？如果这些事在一个月后仍然有趣，他才会回信；而多数的信，多半在一段时间过后已不再重要。

为什么大多数的人都喜欢先做这80%的工作呢？答案是，常去做这些事，会让他们觉得有趣。他们先找简单的事情做，但如果有了别的事，便不能集中精力做剩余的20％。最后一点也最重要：需要接受检验的工作，更容易暴露他们的错误。多数人都害怕犯错，也害怕失败。

超级点子

立刻处理那些创造收入的活动：

◎ 当你做完这20%的工作后，你可以静下来想想，剩下的时间做什么：你可以学习，训练自己，可以决定继续做其他创造收入的活动。

◎ 当你先开始做这20%的工作时，你就不必赶时间。这样保证你能把这些关键工作，做出最佳成绩。

◎ 拿着你的工作清单，问问自己：哪些是20%，哪些是80%？

◎ 只要有可能，尽量把这80%的工作托给别人。如果出错，危害也最小。但你要想到，也应该检查一下你托给别人的事。

◎ 先做那些让你害怕的事。问你自己：如果我要确实知道自己一定能把这件事情做成功，那我现在应该做什么？

◎ 把你不喜欢的事情放在第二位。

◎ 尽可能只摸一次纸。

守则三：帮助别人，散布快乐

老板能马上察觉到，你是否提高或降低了士气，良好的工作气氛有助提高生产力。你要尽可能地帮助别人、顾客、你的老板及同事，发展让别人喜欢你的能力。80%的升迁，是由身旁的同事推荐的，只有20%是由上司提拔，受欢迎的人更容易有升迁机会。

老板不会让一个不能领导公司某个部门的人，去当这部门的主管；他会非常重视其他员工的意见。这里有三个点子。第一，你只说别人的优点，并且拒绝别人在你面前说其他人坏话。如果这种情况持续发生，你要这样说："你能否问问我，我是否对你要说的话感兴趣？"在背后说人坏话的人，也可能在你背后说你的不是。

第二，动笔记下你和其他人往来时的基本原则。在《赢家准则》这本书里，我列举了二十四项黄金规则，你最好每星期复习一次。一定要记住，尽可能根据每个人的需求去对待他们。

第三，你要在和别人的每一次接触中，留下良好印象，包括：对他们自己、对你的公司、对你自己。我有一年多的时间，在电话旁贴了张小纸条，上头写着："良好印象：他们／公司／自己。"你要练习让其他人更有价值。

守则四：热爱你所做的一切

“等一等！”你可能会喊道：“你之前不是常说，‘去做那些自己热爱的事吗？’那现在是怎么一回事？我应该做我热爱的事，还是应该热爱我所做的事？”

答案是：两种都是。我们当然要找自己热爱的工作，但这是个理想。事实上，我们不喜欢的东西会不断出现——更别说是热爱了；况且，那也有可能是你现在还不愿意、或不能放弃的工作。

如果现在你有一份并不热爱的工作，那么你也不算是这份工作的无辜受害者。我们拥有的力量比自己想象中还要多，价值不是由工作来决定，而是由我们自己——我们总能选择以哪种观点来看待工作。有个特别简单的策略，让你任何时候都能爱上工作。你可以把工作做得更糟，或者你会庆幸有机会把事情做好。爱上工作的简单窍门是：竭尽全力。别做简单的工作，要做出一件杰作。

伟大的小提琴家曼纽因（Yehudi Menuhin）有次被问到，连续几周每天演奏同样的曲目，会不会感到无聊？他回答说：“如果每天晚上都真正付出了努力，就永远不会感到无聊。”如果你必须完成一项任务，那就竭尽全力。你会发现不久后，你就会开始享受自己在做的事。原因有三：

1. 如果你努力，就更专心，事情也就更有趣。
2. 你会更有效率，这也会带来乐趣。
3. 你会增加自信。

你会成为一名炼金术士，能将泥土和铅变成黄金，并将少数烦人的工作变成黄金时刻。最后一个点子，能让你把每一种情况提升到更高的水平：从这十五项加薪的守则中，找出一条或更多的守则，根据情况实践练习。这样一来，你的“简单工作”，便有了额外的意义。

守则五：不断地学习和成长

这项守则与第三章的第八项新规则相同——充实还不够，有时你甚至必须彻底脱离过去，重新创造工作。还记得吗？我们处于信息时代，如果你不持续学习，你在工作上就不会成功。工作和学习是个不可分的整体。

这一点与其他的守则都指出，找到合适的工作有多重要。为什么在你不知道要做什么时，还要不断学习呢？我不相信懒惰的人没有雄心壮志，但我相信，很多人没有目标和意义。如果你知道自己的愿景是什么，那你就会热情学习。虽然有许多人不知道该学什么，但我认为，什么都要学习！你要在各个领域保持前进，如果你改善专业能力，就能赚得更多；如果你让自己变得更好，就会富有。例如，你可以学习商业礼仪、语言、营销。在学习中出现的快乐愈多，你就会投注更多的热情。

你证明了人要相信未来，对未来进行投资。生命中的成功秘诀是，当机会来的时候，自己已做好充足准备。虽然你不知道将来你要面对的是什么，但请对自己有信心，那会非常神奇。你要成为一块超大的海绵，吸收公司里所有的知识，不断地学习和成长。

守则六：视自己为游戏的一部分

把工作看成游戏的人，就能轻松地处理所有工作。对一切特别严肃的人，会变得紧张，显得不够优雅，并停滞不前。窍门在于，认真负责地成为游戏中的一员，但要保持一定距离；要求胜，但不要局促不安。不要忘记，工作是重要的，但也应该是项有趣的嗜好，你要负责制造快乐。工作带来金钱，如果认真又轻松地处理一切事务，我们会赚得更多。

我们也必须从游戏中有所收获，不然只会一次次失败。失败后，你可以做以下三件事：一、保持原状。二、站起来，但消失在芸芸众生中。三、从失败中学习，升到更高的位置。成功人士能从每次失败中，获取正面意义。他们能做到这点的原因，在于这一切对他们来说，是场大型游戏。开发你的能力，学习锻炼自己，并树立更高的目标，然后顺流而去。我们靠纪律达到特定的阶段，但大师级的成就无法只靠着专注努力来达成。

守则七：加强优点

此守则也在第三章介绍过。问题是，要如何让你的老板清楚这点？实际上，实践所有守则并不简单。许多公司都有固定的组织结构，无法轻易进行“改革”。多数时候，这些障碍需要费力才能克服，而且比你想象中要难得多，但你必须真正投入。

首先，你要让人确知你的成就，让你有额外的发挥空间——不只是因为你会更有效率。这里有个重要警告：别耗尽自己的力量，这往往发生在当你“必须”长时间从事毫无乐趣、与你能力不相符的事时。试着改换其他的工作。你要了解，当愿望不能满足时，必要时得换家公司。你读过第六章，已经知道：找一份新工作最多只需一百天。如果你已经证明自己极有价值，为什么别人会让你离开？如果别人没认识到你的价值，为什么你还待在那？

守则八：提高自信

一个人的成功大部分取决于自信，你的收入与自信有直接关系。

你认为自己的成就价值有多高？

如果你要加薪，就要去寻找有利的机会，而要找出机会并加以利用，必须要有自信。你的收入不在于你的价值，而在你对价值的看法。汤姆·克鲁斯（Tom Cruise）相当聪明，当他谈及自己令人难以置信的高额片酬时，他说：“如果我没有价值，别人也不会付钱给我。如果有天我值不了这么多钱时，我也不好意思请别人付我这个数目。”

我们总有足够机会，但若因缺乏自信，就连一次也把握不住。

缺乏自信，会阻碍你过有尊严的生活。行为研究学者发现，站在商店橱窗前的人，如果钱包没钱，会在看到身后有人时，自动站到一旁；他们不想挡住那些潜在顾客的视线。同样地，人们在生活中也会站到一旁，在加薪、升迁，或有特别机会的时候，如果他们认为这不是自己应得的，或没有那个价值时，就会产生这样的反应。这样的情况是一场悲剧。

世界拳击冠军罗宾森（Sugar Ray Robinson）说过："如果你想成为冠军，必须相信自己，因为其他人不会相信你。"好消息是，自信可以学习。每个人都可以学习，而且没有人是天生就有自信。你能学习如何做到这点，只须知道如何去做；自信是种相信自己的能力。就像你不会相信不认识的人，因此你必须先认识自己。第六章的练习相当重要，还有附录，能帮助你真正认识自己。你能否对自己产生信心，大部分取决于你能否在自己过去的经历，找到了合适的证明。我们都有过成功经验，但只有当我们有意识地达到成功和记住成功经验，才是关键。

记录或许是最好的方法，帮你延长记忆中的成功经验。经由选择性地记录，可以让我们确定，那些成功经验在强化后会不断重复。专注在成功经验上，会产生出新的成功。

成功日记

我们需要一项建立自信的工具，因此我发明了成功日记。你可以自己制作一本空白日记，每天记下五件你成功完成的事，时时确定自己是用何种能力获得成功的。

当我第一次听到这项练习时，完全低估了它的威力。每天记下五件成功的事，我根本看不出任何意义。此外，当时我还处于“低潮”，根本想不到任何成功经验，更不可能记在日记里。但这正是成功日记的意义所在：当你想着要记录什么时，你正在慢慢改变，你的焦点将更加精准。这是经过检验的方法，所有的成功人士都会记下他们的目标和成功经验。你要认真去执行，充满意义的生活，是值得被记录的。

一个人对自己的看法，会在某个时候显现在脸上，反映在行为中。你要把值得学习的人和情况纳入生活中，并且不断亲身实践。你的收入也不例外，你赚的是你认为有价值的东西，如果你确实按照本章的守则，将会在十二个月之内多赚20%。我保证。

超级点子

持续建立你的自信，记下成功日记：

◎ 你的自信决定你是否会冒风险。

◎ 你写日记时，你会学到专注自己的优点。

◎ 记下你生活中各方面的成功经验。

◎ 微不足道的成功经验也要写下。小成功与大成功的结构非常类似。

◎ 过了一段时间后，你能确定：这是个成功，我可以写下来。

◎ 你的自信决定你的收入。

◎ 我们常想到下一步会觉得不舒服，或觉得已经够了。但正确的是：舒服只是借口，事实上，我们不相信我们会成功。

◎ 我们的期待决定我们的所得。我们的自信取决于我们的期待有多高。

守则九：集中注意力

如果你竭尽全力（第一条守则），只有在特定时间内专注在一件工作上，才会成功。如果你认为在同一时间做许多的事，能显得自己很有效率，那是致命的错误想法。

我们应该只专注于做一件工作，并乐在其中。如果一个人没有完全了解正在做的工作，他也做不了多少。运动员称此为“隧道视野”：他们看不到其他东西。完全集中当然是个理想，但只为我们能不断接近的目标而努力。当你不能依循这项守则时，便会感到压力。全神贯注只有一个代价——这会消耗很多能量。

对于这项守则，还有个重要的补充说明：我们需要定期休息。整体来说，很多人没把能量用对地方。我们的身体也不像多数人想象的那样，能长时间不断工作。身体就像一辆一级方程式赛车，可以在短时间内爆发出惊人力量，然后就必须休息。如果这辆跑车一直不停奔驰，速度就会愈来愈慢，最后只能退出跑道。

有好几年的时间，我曾让身体过度超过负荷。我不休息，一直工作，也不理会所有警讯。那时我相当健康，并热爱工作；我不愿意、也不能停止工作。结果，我先是注意力无法集中，最后终于病倒，油尽灯枯。我得到了教训，现在我每工作两个

小时——全力以赴且聚精会神，然后休息二十分钟；然后我再工作两个小时，再休息二十分钟。在这二十分钟里，我再度得到充沛精力。结果，我在每次两个小时的工作中，能完全专注，且在一天工作结束后，不会感到筋疲力尽。

多数人都是下意识地等到思绪出神后，才去喝杯饮料或和别人聊天。更聪明的方法是，有意识地规划休息时间，让身体、大脑获得充份休息。整体来说，你会发现，如果彻底去实行这个休息时间表，便能完成更多工作。你不仅能解决更多问题，工作质量也会提高许多，你也更能乐在其中。

守则十：表现超高效率

请尽快处理掉一切事情。每家公司都应知道一项原则：效率。你知道，工作就像橡皮，填满了可用的时间。没有期限是最好的，但最好的最后期限就是效率。

所有事都有急迫性，因此请尽快完成。有些人在该赶时间时却慢条斯理，事实上，他们只是不停在聊天打混。准时上班当然也是一种急迫表现，没有比总是迟到更让人印象不佳的事了。这些总是迟到的人，暴露了自己生命中的所有问题：不能约束自己、无法排开其他事情。不能约束自己的人，连最基本的事都做不到；他是个让人同情、令人感到悲哀的人。

为什么我要这样批评？因为当你迟到时，就是帮自己一个倒忙：从上班日的第一分钟起，就决定了你这一天的工作质量。不准时的人固然让人同情，但永远不会受到提拔，更不会获得加薪。更重要的是，老板可能会解雇他们——很简单的道理，他们的工作能力会好到哪去？

这里有个简单的诀窍——总是提早二十分钟到。这二十分钟会赢得好印象，你也可以安静轻松地开始一天的工作。不要因为匆忙而牺牲质量，有些事需要时间，你要学会区别。从现在就开始加快脚步，但别在工作时急躁。

守则十一：不公开反驳

你碰过这种情况吗？老板完全没道理地教训你？你要注

意，别落入公平的陷阱，问问自己：“我要的是公理，还是成功？”

我并不是要劝你屈服，完全相反，而是要你放聪明些，你老板很可能因为其他原因而暴怒。如果你这时开始和他辩论，会让他将怒气转移到你身上；聪明的办法是沉默，至少在这个时候。无论如何，你都不能当着其他人的面反驳老板，就算没有第三者在场。以下的方法会比较好：几个小时过后，你去老板那，告诉他你没有错，但要用事实来证明，不能只凭感觉行动。

这样能达到两个目的：你的老板会了解你不是凭感觉行事的人；他也会知道，下一次自己要谨慎些。这样比立刻和他争吵要好得多，会在老板心中留下非常强烈的印象。此外，这项守则也不只适用于你和老板之间。

守则十二：保持气度

绝不要为小事生气，你只要记得，一切都是小事。我们可以从让人生气的事情上，看出这个人的气度。如果有人因为早上没有得到“正确的”问候，而一整天为此生气，你还愿意提拔他吗？

有气度的人，不会很快受辱；他维护和平，忽视挖苦讽刺。问你自己：“五年后，现在这些让人生气的东西还会在吗？”或是：“我是该把自己的精力花在获取成功？还是要用在完全不重要的小事上？”保持气度的好办法是，别把自己看得那么重要。地球不是只为我们转动，生命不过是时间宇宙中的一阵微风。不要忘记，气度决定了收入的广度。

守则十三：展现高度责任心

我把工作的人区分成老鹰和鸭子。老鹰有高度责任心，鸭子却没有。如果老鹰接下工作，我们即可视这份工作已经完成；而要是鸭子接下了工作，我们就只能祈求上帝了。

老鹰所依循的行事规则是："如果我做不到，我仍必须努力完成。"或是："没有做不到的事。"他们会说："我去做！"但鸭子就不愿意如此肯定回答了，他们会说："我试试看。"但是如果只是试试，其实是等着会出现些什么，但他们只会等来失败，而非成功。不然他们会说："我去做！"鸭子喜欢聚在池塘里，传递负面消息，这更让他们能任意评论他人。老鹰知道该对生命负责，他们愿意讨论成功。

鸭子经常陷入公平的陷阱中，一副受伤的样子，觉得受到错误或不公的对待。他们总是认为，只要这种"不公平"的情况一直存在，他们就没有机会改变自己。

他们也坚信，所有人都应该受到相同待遇。这怎么可能？老鹰与鸭子不同，他们做的事不一样，在公司里的价值也不同，为什么要平等对待他们？鸭子只想着要得到和老鹰一样高的工资，而老鹰知道，做出相同成就才能得到同等的报酬。鸭子专注在问题上，呱呱乱叫；老鹰专注在解决办法上，着手进行。鸭子总是想着失败和所遭受的"不公平"待遇，更加强化了他们的负面想法。老鹰记下自己的成功经验，有系统地建立自信。

鸭子想：公司能为我做些什么？老鹰会问自己：我能为公司做些什么？如果有问题出现，却没有办法解决，鸭子就会呱呱叫着跑走，而老鹰会自愿尝试解决问题。

鸭子整天呱呱叫，只是为了狡辩和向他人道歉，他们用呱呱的叫声替代成就与结果。勤学苦练出“成就”后，鸭子发展出一种让人难以置信的机巧：狡辩。但别被蒙骗，狡辩的意义在于转移目光焦点，不让他人将错怪在自己身上。这背后藏着一个糟糕的想法——拒绝负责。你给了谁责任，也就给了谁权力。如果你把所有的权力给了别人，那么别人就可操纵你的生活，决定你的收入。

老鹰要求责任和权利。他们知道：“如果别人要为我的失败负责，那么我什么也赢不了。我只能靠自己来改善自己。”因此他们不狡辩，就算经历顺遂的事也一样。他们宁可这样想：“接下来还能有些什么意外惊喜？”我们无须对所有事都负责，但至少我们得对自己的说法和反应负责。鸭子的世界是个小池塘，老鹰正好相反，他们已准备好离开自己的舒服地带，学习舒展双翼，并把问题视为机会，以扩大自己的控制范围。

我的办公室里有一只大玩具鸭，每个员工都知道含意。如果有人开始狡辩，我只要看这鸭子，这名员工就知道自己掉进鸭子的陷阱了。

鸭子迟早会被解雇，老鹰却会升职，因为他超额完成了许多工作。所以你应该承担责任，不只完成自己份内的工作，还应多做。这里有项很好的练习：用一个星期的时间，观察公司里典型的鸭子和老鹰。然后自己决定，哪一种人过得更快乐，

你将来想受谁的影响？我不是说，你得和鸭子保持距离。照我看，这种情况会自动出现。当老鹰高飞，鸭子很难跟得上。

如果你想有所成就，就要决定在任何情况下，你都要像老鹰一样反应。在脑海中想像一名成功人士，并问自己："他在这种情况下会怎么做？"你的工作质量不是来自于工作给你什么，而是你为工作付出什么。你不是工作的受害者，而是你如何善用自己的局势。不要让自己有抱歉的机会，而要做到："如果我接下一项工作时，别人就可视这项工作已经完成。"

守则十四：不要怀疑，展现优点

每家公司和老板每天需要解决许多问题，如果你能展现优点，所有同事和主管会感觉相当舒服。你要让大家知道你值得信赖，让自己成为公司里的"躺椅"，别人可以舒服地靠着你。不要去对公司、产品或主管抱持怀疑，请相信我，你私下的怀疑和负面评价会传出去，最后只会伤害自己与公司间的关系。疑心就像野火燎原，有时你已忘了它一段时间，但在听过的人脑海中却还是继续燃烧着。你造出了一个怪物。

这时要做出个重要的决定：你只能和对的人谈问题，因为这样你才能得到建议，但绝对不能怀疑这个问题无法解决。当然你应该不时怀疑，这很正常，但你应该找个方法，尽快克服。而且在这期间，不能告诉任何人。

不要怀疑是一点，另一点是积极表现优点。你和满意的顾客交谈，找出你对公司所做的事有多重要，你要找出原因，为公司自豪。如果你发展出对公司的正面感觉，就可利用机会给其他的同事更多安全感。有些鸭子可能对你极度不满又不理睬，如果你和他们一起呱呱叫，会让他们感到舒服得多。但你应该想到这点：呱呱叫无法赚到更多钱。

就算没有人观察你，你也要保持最佳状态。因为一方面，你更加受到注意，另一方面，这是很好的练习。

守则十五：要求加薪

以上提到的所有守则很少会自动让你加薪，但你也不用失望伤心。只有软弱的人才会落入公平的陷阱。请想一想：付你钱并不是老板的工作，你必须自己找钱。

想加薪也不是件特别简单的事，想要获得大幅加薪，就像想拥有生命中一切有价值的东西一样：我们必须为之奋斗。如果你做出好成就，公司不能没有你，他们自然会和你讨论薪水问题，认真看待你。但再一次强调，这不是简单的事。企业家自己必须为所有事奋斗，而如果老板为自己的事业奋斗过，那就不会随便将这些事交付给你。

避免现在做出评价，你应该把现在出现的事看成一场游戏——一场你不能输掉的游戏。问题只在于，你会赢多少。这就看你是否熟悉规则，看你多会玩。

也许你会害怕失去工作。所以我想对你说：如果你是个有价值的员工，你的老板更怕失去你。在信息时代里，工作愈来愈有价值。原因在于：人力与知识资本愈来愈珍贵，适任的员

工愈来愈有价值，也愈来愈难请得起。在农牧时代，人的价值往往比牧群高不了多少；在工业时代，人的价值是根据能力而定，是机器的一部分。但在信息时代，专业能力决定一切，你的知识与才华和需求相比，有多大价值。手中拥有所有好牌，你就必须打出去。还记得帕雷托的80/20法则吗？你找出了那20%能真正创造收入的活动了吗？在这20%中，你还能再区分出一个80/20%。最后，只有少数几项活动会决定你的成功。

在遵守了前十四项守则，并证明你对公司很有价值后，你认为最重要的活动是什么？当然是你即将面临的加薪“谈判技巧”。在日本，有位大企业的员工为公司发明了“电子宠物”（Tamagochi）。这些电子宠物风靡全球，公司也赚进了几百万美元的营收，但这位员工却一毛钱也没有多赚。不公平吗？是，也不是。这位女士从未要求加薪，因为她只觉得做了该做的工作。请你想想，加薪是她自己的工作，而不是她公司的。

你未来十二个月的计划表

1. 写下你的成功日记。每日记下五件来自生活各方面成功的事，每个月重看一次，找出自己运用了哪些能力取得成功。

2. 依照这十五项守则去做。每日从中选一项去做。请记下这项守则的关键词，搁在你的工作地点。这样一来，你就能在三个星期内，把所有守则都“练习”一遍，然后再重来一遍。这是游戏的学习方式，有些东西会一直存在你脑海中，你会愈来愈好。

3. 做计划。详细写出你将如何利用增加后的薪水。我的建议是，存下其中的50%，剩下的50%犒赏自己。这很重要，你可以看见自己的目标。

4. 找出你的理由。最早三个月后，最迟十二个月后，完成一份清单：写下至少十五个你要加薪的理由。也许现在做这样一份清单，对你来说比较困难，但当你在运用成功日记一段时间过后，你就能达成。

5. 建立第二份清单。把你对公司的所有贡献写下来——你在什么地方为他们节省开支，或为他们创造盈利。公司的决策者几乎不会知道你的真正成就，这是你的工作，要让他们知道，因此你自己必须要先了解。

6. 做出第三份清单。你未来能为公司做什么？没有一位理智的经理或企业家，会为了你过去所做的事而替你加薪，以资感谢；只有当别人相信你在未来会有价值时，才会给你更多薪水。然而，只有当你过去的确为公司创造财富时（第二份列表），这份列表才有用。

7. 测试你的市场价值。当你透过这些方式获得新的自信后，请你看一下人力市场。你还能在哪里工作？工作情况会是如何？你的工作价值在另一个雇主看来会是什么？这样你可以在和雇主进行关键谈话时，表现得从容不迫。你会获得气势，因为你了解，你不依赖目前的工作。

8. 和公司的决策人士约好会谈。你要说：“我想谈谈我在公司里的价值。”你可以和熟人或在镜子前练习。

先妥协的人就是输家

你的会谈应按以下四点进行：

解释为什么你乐于为公司及你的老板工作，表示感谢。

问老板如何看待你的工作，并谢谢他的赞美。

如果没有谈到特别的优点和能力时，要加以补充。表现你的自信，但不要自大。如果需要的话，提到你为公司完成的重要工作。最后并向他表示，你在未来能为公司再做些什么。

谈谈你希望能赚到更多钱，并请他提出一个建议金额。注意：不要先提出具体数目。一方面是要看老板对你的评价；另一方面，先提出建议金额的人，就是输家。你的要求尽可能不低于 20 %。

在某些例子中，老板会提出一个满意的数目，但这并非常态。如果老板没准备好为你加薪 20 %，那你该怎么做？首先，你应该进行谈判。有个重要的规则：你不能先提出妥协的建议金额。理由一样：谁先妥协，就是输家。

让我举个例子来解释。如果你每个月收入是 3500 美元，你的老板提出要未来要帮你加薪 10%，也就 3850 美元，但你想要加薪 20 %以上。如果要达到这个目标，你应该要求更多，也就是 25%，然后等老板提出一个折衷建议。此时他会开始沉默，你要不断地请求他接受。我们设想，他提高到 15%；

你要马上抓住机会，接着说："好吧，你提15%，但我要的是25%；由于我愿意在这里继续工作，那我建议我们就折衷：20%。"

这样的好处是，老板反正已经准备要多付15%，现在到20%，差别并不大。

如果你不了解这个诀窍，而是先妥协，那谈判大概会完全不一样：你要求20%，结果老板只出10%，然后你建议折衷取15%；这样他就会提出其他建议，停在12%到13%之间。那你就没有更好的理由拒绝，因为毕竟是你先妥协的。

有件事你绝对不能做：绝不能透露自己想要的具体数目。尽管这听来严酷，不过没人对你的要求感兴趣。对公司来说，你的价值才是重点，你只说自己的价值，绝不要提到你要什么。

衡量何者最有价值

当然，就算最好的计划也会失败。如果这个计划不能成功，那你能做什么？

请你的老板用一天时间，为这次会谈找个解决方式，这样你就争取到了时间。现在重要的是，你先分析情况。如果不成，该怎么办？只有三种可能：错在你、要不就错在这个薪酬系统，或者这根本就不是适合你的工作。如果你犯下错误，就该记下

来，从中学习。三个月后，再和老板见面。也许根本不是你的错：你做了所有的事，但你的价值得不到认可。在这种情况下，你要尽快换个工作，你不能把自己拥有的价值以低价卖出。

要注意的是，也许你的价值已被重视，而且老板也愿意多加你一些薪水，但却做不到。有时候是因为，公司没有足够的钱来周转。在这种情况下，你应该想一想：继续在这家公司工作，对我来说有多重要？财务状况不佳是暂时的吗？除了钱以外，这家企业对我还有哪些好处？例如说，我能学到很多吗？如果你想继续留下来，有个简单的方法可以支付你的价值。你可以向老板建议，你愿意继续以相同的薪水工作，但每天只工作七个小时，而不是八小时。

你可以利用这多出的时间，从其他方面赚钱。你可以当个投资者，创设企业；或者你也可以利用这段时间，训练自己成为专业人士。谁知道你可以从中发展出多少技能和知识，也许目前对你来说，拥有更多时间比赚到更多钱更加有利。

第八章

创造一个赚钱机器

请想一想，钱是能生产的，而且可以增加。钱会滚钱，也会绵延不绝。

成为投资者不仅重要，而且你也别无选择。你当然可以决定当个薪水阶级或自由业者，或成为企业家或专业人士。但在是否愿意成为投资者这一点上，你别无选择。最重要的是，身为投资者，你能增加自己的财富，达到富裕的境地。如果你想成为有钱人，就必须成为投资者！有两点原因可说明：

首先，如果你不是投资者，那么增加的薪水也就毫无用处。即使你有办法让自己的收入增长两倍，但如果你不是投资者，那么你赚到的收入就永远不够用。只要你不是投资者，你所必须担负的责任和生活水平，都会和收入持平。这就像个有洞的木桶：无论你注入了多少水，最后都会流光。只要你的财务木桶上有这样的漏洞，你就会停留在原地，一直待在仓鼠笼里。你必须堵住这个洞，因此你需要一个系统。如果你创造这个系统，你就已是那50%的投资者了。

第二，我们都需要稳定保障，这也包含了财务上的保障。因此你需要存一笔钱，让自己在没有收入时，也可以继续生活几个月。如果能靠金钱带来的利息生活的话，才是真正有了保障。你必须节省开销，用节省下来的钱做些事：你要让它们倍增。这是投资者必须掌握的第二个50%。

节流加上开源才等于投资

这一章要处理以下两点：节流与开源。如果你掌握了这两点，那你就已经成功了一半。金钱不一定会让人快乐，但若做个比较，你在有钱的时候，会比没钱的时候快乐。

首先，我们要处理如何节流——也就是堵住洞。你需要懂得投资与支付义务之间的不同。想起来也许很简单，但对大多数人来说却非如此。例如，多数人认为自己的房子是种投资，而真正的投资者想的却是，房子事实上是种支付义务。如果你能节流，能了解投资与支付义务之间的不同，并做出相应的行动，你会比其他99%的人都更富有。现在你需要的只是正确的投资方式，其中包括了各种不同种类的投资（股票、基金、入股）。

在我写下这些内容时，股票投资已不有趣了。仔细说来，它们早就不再有趣。很多人都失望地离开股票市场，感觉战胜了贪婪，以及恐惧和挫折。岂知，你正与自己的财务希望背道而驰。所以这一章很重要，你必须回答三个关键问题：

你该运用哪种投资工具？

你该什么时候买进？

你该什么时候卖出？

如果你能找出这三个问题的答案，你也就能比较容易成为成功的投资者。投资之前，你需要资金，所以让我们开始讨论，该如何省钱。

七年后你想成为哪种人？

不管你今天有多少钱，在之后七年内，你会不断地得到钱。你的收入和支出有个固定的关系，如果你在七年后看看自己的成绩，你会是下面三种状况中的其中之一：

支出比收入要高。

支出与收入正好相同。

收入比支出要高。

对许多人来说，用图 8-1 来表示会更容易理解。这三个图形中的其中一个，说明了你处理收入的情况。至于你是哪种情况，不需要我们进一步讨论，只有结果最重要。在这三个结果中，你是哪一个结果，要看你是否堵住了木桶上的漏洞。

图 8–1 七年后的收支对比

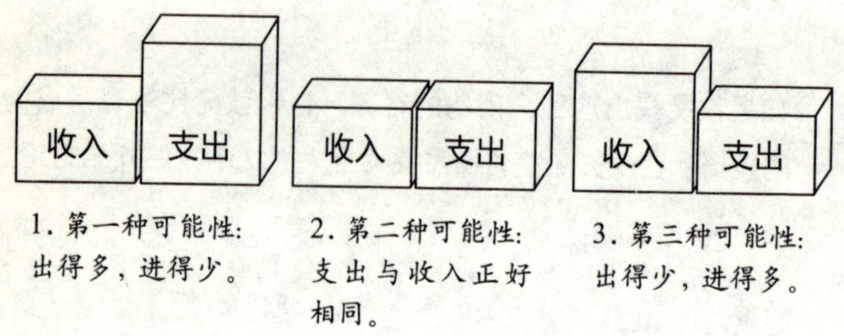

1. 第一种可能性：出得多，进得少。

2. 第二种可能性：支出与收入正好相同。

3. 第三种可能性：出得少，进得多。

大部分的人是怎么做的？一旦赚到了更多钱，他们就立刻去买更贵的汽车、更好的家具，搬入更大的公寓或买栋房子。如果用木桶图形来比喻，那意味着，我们刚往桶内注入更多水（收入）时，又立刻在桶底钻了新的孔，或把旧的洞钻得更大。真的很笨！但这就是人性。由于这属于“人性”的一部分，所以我们需要一个能让自己节流的系统，但同时能让自己感到快乐；我们需要一个能提升生活各方面水平的财务目标。在我的第一本书《经济自由之路》中，我用了一则伊索寓言，来描述这个值得追求的目标。

别杀掉为你赚钱的鹅

某天，有位穷困的农夫在他所养的鹅窝里找到一颗金蛋，他请来金匠检查这颗蛋，发现是纯金的。此后的每天早晨，他都在鹅窝里捡到一颗金蛋，于是他变得有钱了。但当他刚开始相信自己的好运时，就不再满足每天只捡到一颗金蛋，于是他跑到鹅窝里，杀了这只鹅，想得到更多金蛋。这则故事的寓意是，别杀掉会帮你赚钱的鹅。

这只鹅是你的资本，金蛋是你的利息和红利；若没有资本就不会有利润。大多数的人把自己所有的钱都花掉，以致于没办法再养更多鹅。他们在那只幼鹅还不能生出金蛋前，就已经杀死它了。只要你还没拥有这样一只鹅或一台赚钱机器，你就是那台赚钱机器。这些金蛋及利润，构成一幅特别美丽的收入形式，让你得以不断提高自己的资本和收入。但这种收入形式，也和其他所有收入方式一样：你必须有所行动！

首先，你必须省下一些钱，然后知道如何增加自己的资本。在学校我们学不到以上两点，然而大家又都希望自己某天能突然成为杰出的投资者。他们想要成为赢家，又不愿付出代价；他们希望有很高的报酬，又不去学习理财知识。这些你不用理财知识而获取的金钱，很快就会消失。对投资者来说也是这样：我们最大的财富是我们的知识，最大的危机是无知。例如，你想学小提琴，花了很多年练习，但没有人可以随便拿起一把小提琴，就突然能拉出悠扬动听的乐音。每种艺术或大师成果都需要练习，这对投资来说也一样。要成功投资，就需要投入时间。你会犯错，也将从错误中学习，当中重要的关键词就是学习。这一切都始于能够区别投资与支付义务。

投资，还是支付义务？

就像每位投资者那样，我开始时也必须努力学习区分投资

和支付义务的不同。二十六岁时，我破产了。我对师父说："我在一个又大又深的洞里。"他回答道："走出洞的第一步，就是不再把洞挖深。你必须先有一个可以依循的计划。"

我反驳说："我根本没有计划。"但我的师父说："你有一个计划，但你自己不知道：那是一个贫穷计划。"这些话有点刺耳，但相当正确。我总是犯下相同的错误，好像我在依着一个致命的计划走。我的财务状况之所以惨不忍睹，原因基本上有三个：第一，我以为当我赚到更多钱时，一切自然会迎刃而解。错了！我们必须先学习如何正确地处理金钱，否则等我们有更高收入时，问题也就更大。

其次，我把"需要"和"想要"混淆了。大多数我们购买的东西，其实并不是真正出于所需，而是想要拥有的那股欲望。但是当我们向自己或向别人解释时，我们会强调自己需要这些东西，因此很重要的一点是，我们不能自己欺骗自己。

第三，我把支付义务和投资混淆了。例如，我把自己的汽车和家具，看成是必需的投资，但师父向我明白解释了其中的差异。他说："投资者会考虑如何让钱流进自己的钱包里，而支付义务却相反，它让你的钱从钱包流出去。"为什么有这么多人发现自己待在财务的仓鼠笼里？答案不是因为他们赚的太少，而是因为付出太多，又投资得太少。这里的关键在于：金钱往哪个方向流动？

当时我一定要开辆"大"车，我觉得这对于我的职业生涯来说非常重要。我的师父想要教我理财知识，他用鹅来代表投资，用汽车代表支付义务。这个支付义务的图形如图 8–2，其中现金流动的路径，说出了整个故事。然而投资的图形，显示的却是完全不同的流动形式（图 8–3）。

图 8–2 支付义务图

图 8–3 资金流动形式

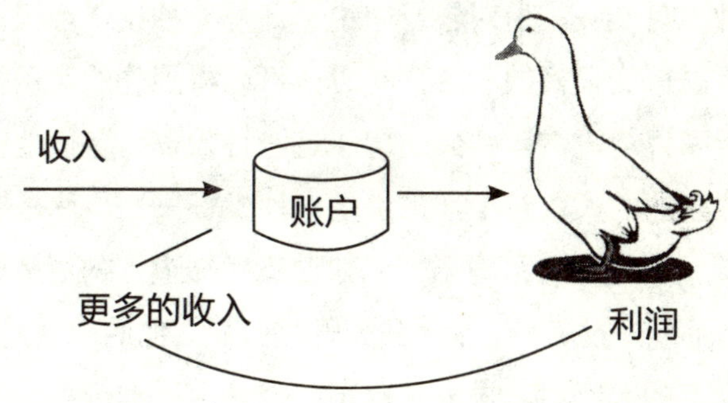

购屋不是投资

我能理解这个图形，因此不让自己增加其他的支付义务，并且一步步偿还过去的债务。同时我也开始节省开支，学习投资。

当我终于从恶劣处境中解脱之后，我想买栋房子，然而师父却丝毫不为我感到兴奋。他说："在尽一项新的支付义务前，你应该多投资。"那个时候，许多人相信自己的房子是一种投

资。我的师父指了指这个图形问我："如果你买了一栋房子，你的金钱是往哪个方向流动？是流进你的钱包，还是别人的？"他又接着说："我们的支出是别人的收入，我们的支付义务是别人的投资。"

我反驳道："但总有一天那房子是我的。"他说："总有一天意味着二十五到三十年后，而且如果不卖掉房子的话，钱也不会重新流回钱包。"

只要你的房子是分期付款，那就不属于你的投资，而是奢侈品。奢侈品需要付钱，而投资则帮你带来钱财。你所住的房子是一种支付义务，但对银行来说，却是一种投资：银行借钱给你，可以得到很好的利息，同时还可以得到你的房子担保。因此银行家说得没错："你的房子是一种投资。"但他们却没有告诉大多数的人，对于谁来说是一种投资——当然是银行。

师父并不是反对买房子，但他希望我知道：购买房子是支付义务，而不是投资。他希望我先开始投资，他的规则是："当你省下一定的数额后，才去买房子。但这房子的价格，不应超过你每年净收入的四倍，而你每个月所需要支付的贷款，也不能超过自己每月收入的25%。"他向我解释，有很多家庭过得不好，因为他们的房子超出自己能够负担的数目。他把这些人叫做"有房子的穷人"，他们工作特别辛苦，但大部分的收入都要交给银行。我当时想遵循师父的规则去做，在我看了市场上的房子之后，发现其中虽然有些在我当时年收入的四倍之内，但我并不喜欢，所以我决定等待，并在这段时间继续投资，我的鹅也因此长大。

大部分的人不能利用机会，因为他们不想冒风险。他们没有经济基础，因此必须紧紧抓牢自己的工作。钱愈少的人，就愈不敢进行“危险的”投资，他根本不会考虑这方面的投资，也从未学过如何能真正判断风险。请你想一下第四章结尾的概要：贫穷的人有债务；中产阶级尽力支付义务，并相信自己是在投资；有钱人购买有价值的资产，并不断增加投资。要离开这个仓鼠笼，你得在可以负荷的情况下，先进行投资，然后再尽支付义务。

存钱是一种为追求进步的妥协

假设你想要买件冬天的大衣。你计划大概要花五百美元，后来找到了一件中意的，只要四百美元。那么你现在存下了一百美元吗？

当然不是，你只是省下一百美元，但不算是真正存下，你很可能会用这笔省下的钱为自己买双鞋。这样的话，你只是在大衣上少花了一百美元，却没有真正存下来。就算是你死守预算，或一毛不拔，也算不上是节流，更别说是养只会生金蛋的鹅了。很多人能节省开支，充分利用大减价的机会，并讨厌不得为每样东西付出金钱，但他们并不是杰出的节流者，而是糟糕的投资者。有钱人则学会了这两点：他们会节省开支，并用省下来的钱去投资。

我的点子是，当你能省下一部分的钱时，就一定要把这笔钱从钱包拿出来，放在一个专门的信封里。当你存足了一百美

元，就存进银行里。

你必须学习存钱，存钱是一种妥协：你从今天取了一些，用来改善明天。妥协几乎对每一种进步都很重要，你不该只靠意外或纪律来存钱。你的部分存款能够（或应该）从节省中达成，另外一大部分应该有计划地取得，因此你要建造一个系统为自己存钱。

建立“省钱”和“快乐”账户

你是否试过用无效的模式来存钱：“坚持”把每月剩余的钱存起来？有时候，真的会有剩余的钱，但经常没有，这肯定不是一个好方式。此外，每分钱都有“利益冲突”：你可以付出去，但就没有任何东西留给更好的未来；另一方面，你可以把它们存下来，不过你能给出去的就变少，你的快乐也就更少。所以你现在需要一个有效的系统，让你有纪律。当你建立了这个系统后，它就会自动运转。

也许你听过我的账户模式，但你真的这样去做了吗？如果还没有，你现在就应该和银行的客服人员约个时间。请即刻停止阅读，拿起电话约个时间。你不能再等下去。透过这个账户模式，你会成为富有的人，比我们国家里其余99%的人都要富有。

当你读到这里时，你已经约好时间了吗？很好。

这个模式如下：在你的账户外，再开设一个账户，或一本存折，然后到银行办理固定转账，在每个月初，将收入的

10%转入此一账户。每当户头里的钱累积到一定数额时，就把这些钱拿来投资。薪水少了这10%，对你不会有太大的影响；利用剩余的90%，你这个月还是能过得一样好。而这10%是你付给自己的。

当然，你的收入不是仅用来存钱，因此你要再开设一个“快乐账户”，每个月固定将收入的5%到10%转到这个账户。当你想为自己或别人做些好事时，就看看这个账户，如果户头里有足够的钱，就实现自己的愿望。如果钱不够，那你就要等一等（图8–4）。

图8–4

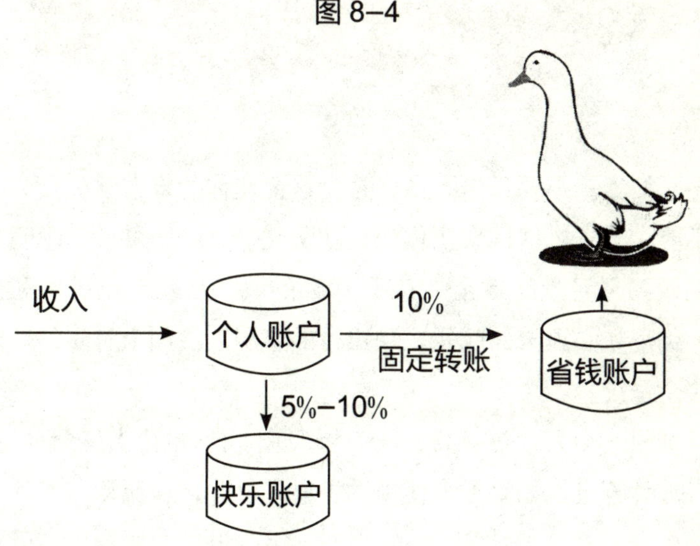

有两点需要解释。首先，这10%只是一个例子，你当然可以省下更多的钱，但不要少于这个数目。你要为自己找出理

想的平衡点。不要付出太多，否则这会让你的未来蒙受损失；也不要太节省，这样会让你现在就蒙受损失。如果一个聪明人不能做到每月规律地至少存下10%的钱，这就有点尴尬和丢脸。你现在必须做的就是，和银行的客服人员约个时间，设定好这个系统。

如果一个人太过吝啬，一点也不愿付出，也让人感到难过。曾有人计算过，如果把未使用的香皂先打开，在流动的空气中放两个月，能增加约8%的大小。一年内用三十块香皂，就可以省下一美元。但在我听来，这可不是什么值得高兴的事。

永远不要有消费性贷款

第二点是：绝不能有消费性贷款，借贷只会带来借贷。你可以从自己的“快乐账户”里无限地拿钱出来，但你绝对不能用贷款来购买奢侈品，一次也不行！如果有人借贷，也就表示他实际上没有什么价值。他会感到自己生活在谎言当中：以看似是他的东西来展现自己。这样一来，他想留住的其实是别人的东西，他把自己隐藏在一个不属于他的外表下。

我曾经想贷款买辆汽车。我的师父对我说：“你不能买车，这会让你的财务状况停滞不前。”他对我解释说，消费贷款缺乏目标，因为在一定程度上“没有未来”的人，也就更不在意将钱用在奢华享受。也由于这个原因，第五章和第六章显得特别重要：建立一个目标，让自己在处理金钱时充满了责任感。债务缠着过去，而投资则打开一扇通往更好的未来之门。

比起现在，在你刚开始工作时，是不是必须忍受较少的收入？当你赚到更多钱时，你的支出是否也像被魔手操纵一样，把赚到的钱又全部花了出去？大部分的人都是这样过活的。古代的巴比伦人已经知道：“支出会随着收入的水平不断增加。”请想一想：更高的收入，并不一定代表更高的生活质量。问题只会愈来愈严重。因此我想建议你，每一次加薪，你都要按照以下三点去做：

1. 省下每一次加薪的50%，增加每个月的固定转账金额，转入自己的“省钱账户”。

2. 其中的25%转入你的“快乐账户”，你现在可以好好享受。

3. 剩下的25%用在日常生活开销上，这样你只稍稍提高了生活标准。

如果按照本书的建议去做，你会在未来获得更多加薪的机会，额度也会更高。如果你为自己创造了一个系统，会很有帮助。依照上面所写三点实行，你会得到的好处如下：

你在存钱时，就不会感到痛苦，因为你还没有习惯更高的生活标准，你没有启动那些不必要的消费弹簧。

你有更多的钱为自己或别人创造快乐。

你为自己感到自豪：你向自己证明了，你能妥善地处理金钱。

每一次加薪，你会更接近自己的财务目标。

你可以冒更多的风险，因为现在有更多钱让你支配。即便你将其中一部分拿去做风险性投资，也不会危及财务目标。

组织你的“投资队伍”

当你开始有系统地存钱时，你已经准备好进行下一步：如何用这个系统投资。你已经读到让金钱增加的最重要规则：你需要一个系统。

世界上可能没有一个“完美的”系统，但你可以随着时间改善系统。如果你没有系统，也就没有机会。只跟着感觉走的人，是一个迟早会输掉的赌徒。谈到你的投资决定，你必须和自己的感觉断绝关系，不然你的感觉将会断绝你和金钱的关系。你需要一个考虑到以下情况的系统：

你的目标。

你的投资性格（风险承担程度）。

你的财务状况。

你的投资目标。

我和莱特根（Bernd Reintgen）在我们的《轻轻松松变富翁》（Wohlstand ohne Stress）一书里解释过，如何正确地决定和评估自己的财务目标。我建议你只在存款到了你年收入的两倍，才可以开始读这本书。原因在于，你的开销应尽可能和结果保持良好的关系。由于我并不知道你的财务情况如何，因此我的建议是，如果你的财务状况没达到这个数目，那你就该跟着以下的步骤。我会根据参加我讲座的学员提出的问题，来分析这些情况。

问题一：该选择哪个风险等级？

你可以把所有投资工具分成六个风险等级：第一个等级，

完全没有风险，然后依次增加，直到第六个最高风险的等级。此外，没有任何一个等级特别好或特别坏。就像要组成一支足球队，你需要不同类型的球员：守门员、后卫、中锋，还有前锋。

大多数的人常会毫无计划，依目前股票市场的气氛来选择他们的“投资队伍”。如果股票市场气氛好，他们就会增加更多的“前锋”，也就是追求更高报酬的投资。如果交易指数走低，他们就不想再去触碰这个市场，而把钱存在银行中，或做类似的事。

长远来看，你永远赢不了。这就像一支足球队里只有前锋；他们也许会踢进几球，但最终还是会输掉比赛。如果你只有后卫，也不可能赢得胜利。也许你不会输掉一个球，但你也赢不了。如果你只是追求安全，你就永远养不出会生金蛋的鹅，只能养只小麻雀。不管股票市场走高还是走低，如果想要系统能平均为你实现12%或更高的报酬，你就必须知道如何聪明地分配资金。

问题二：该如何正确分配资金？

这个问题并不是说：“哪一种投资方式最好？”正确的问题应该是：“我应该如何分配我的钱？”答案是，只要你还没有省下大笔财富，你就该把财产中的40%到50%，投入货币产品中，这要视你能承担的风险而定。货币产品就是现金、退休基金、定期存款、债券及其他类似的东西，你也可以把不动产归到这一组里。这些代表的是具有经济价值的商品，但这组所能创造的报酬却比较低。注意：你不能把自己居住的房子，算到你的投资里，你自住的房子并不是财富，而是奢侈品。当你的投资为你带来报酬时，你却需要替房子付钱。

其余的40%到50%，你应该投资到大型的股票基金，以及能获得相同报酬，但又有高度保障的产品（例如英国的人寿保险）。最后的10%到20%，你应该投资到一些高风险的领域。此一分配情况如下：

货币产品（安全的）：40%至50%。

中等风险性（长期性投资）：40%至50%。

高风险性（需要更多的知识）：10%至20%。

问题三：哪一种货币产品最好？

这个问题没有统一的答案，我只能建议你最好的产品种类。对个人来说，最理想且最好的投资工具是，货币基金、国际养老基金和人寿保险。这些产品可以构成一个安稳的基地——你的“后卫”。在每个产品种类中，最好的产品总在改变，因此个别列举并没太大意义。你可以在受到好评的网站上，找到很好的咨询机构。现在我就来回答关于有价商品投资的三个重要问题：

你应该购买哪种股票及股票基金？

你应该何时买进？

你应该何时卖出？

问题四：应该购买哪种股票及股票基金？

首先，不能错过股票基金。有钱人用他们的钱生出“更多的钱”，再转成有价资产。他们用钱去买东西，例如房地产或部分公司，或股票和股票基金。中产阶级把他们的钱，大部分转到“更少的钱”当中，也就是货币产品。穷人常用他们的钱去买经济“垃圾”。美国人这样说他们：“穷人把现金扔进垃圾桶里。”你现在知道你两者都需要，要有货币产品，也要有有价商品。股票基金就是最佳的有价商品。问题不在于“是否需要”，而是：“需要哪一种？”

你知道古代的巫师和预言家如何去预知未来吗？他们把骨头撒在地上，观察排列出来的形状；他们观察鸟的飞行轨迹，也希望从动物的内脏里得到提示。从今日的观点来看，他们非常奇怪，你不认为吗？

现在，你会怎样去想象这种场景：好几百年后，人们会如何评论我们今天的“巫师”——那些图表专家和分析师？我可以想象，不会有太大的差别。也许人们会说：“你知道吗？在那时候，如果人类要知道未来，他们会从动物的内脏和过去的走势图去看……。”不管有没有计算机，没有人知道未来证券交易的情况。

对于分析师来说，只有两种情况：他们不知道的，和他们不知道自己不知道的。理论不能证明什么，只会偶然碰对一些事，就像一个坏掉的时钟，一天之内会有两次显示正确的时间。尽管如此，我们仍然要看看过去，因为那是我们拥有的所有东西。而我们也要一直试着预测，如果说对了，就为自己自豪。如果说错了，那我们应该立刻想到：没有人能预知未来。

实际上，没有人长期下来能比证券市场的最佳指数更准确，因为没有人能预知未来。而且如果你特地去了解这些成功的人，那你就会知道其中的原因：他们很少去期待未来，而是积极塑造未来，改变这些公司的发展。

看看巴菲特（Warren Buffett），他是这个世界上最成功的投资者，因为他知道只依靠期待未来，无法获得最大的成功。他经常利用自己的保险公司操纵股票交易，这意味着，他在自己的每一美元上，又借了五到七美元，然后再用这笔数额去投资。这样做的风险相当大，因为如果他买的股票大幅走低，他所损失的不仅是自己的钱，还有他借来的钱；但如果情况相反，他所赚到的也就高得多。为了确保获利机会，巴菲特常常进入他所购股票的公司高层。他是在塑造未来，而不是去预测。

私人投资者就没有这种机会，那么你能做些什么？答案出乎意料之外地简单：如果你不知道哪支股票或基金未来有可观的获利，那你就去购买整个市场。你尽可能买下自己能买下的基金，但要分散投资，并尽可能减少手续费支出。怎样才能购买“整个市场”？共有五种可能性：

1. 购买指数股票，涵盖全球的主要市场。但这会有个缺点，因为你必须特别注意你的投资。这种股票有一定期限，你必须不时调整。

2. 买一些大型的国际股票基金。这也需要你定期关注，且要具备相当不错的基础知识。你要能区分出成长基金和有价基金，也要能选择周期性和非周期性的基金。如果你想要知道这里在说什么，请去读一本有关基金的书。

3. 找一位好的投资顾问。不要只听那些美妙的承诺，而要听从有钱朋友的最佳推荐。在第一次的交谈中，你应该提出一些关键问题，例如："你的收入多少来自你的投资？"这就像你要去攀登圣母峰一样，你必须选择一位有经验的登山者，而不是询问一个只学登山理论的人。

4. 投资"屋顶"基金。一支"屋顶"基金中，包含了很多单一基金，因此这支基金的经理人就像个财富顾问，他会从为数众多的基金中筛选出最好的组合。

这会节省你的开销（这位经理人能提供明显有利的投资组合），也能节省你的时间。这样你就可以拥有超过二十种同一风险等级的不同基金（一般情况下，只有拥有几百万美元的投资者才能做到）。你能透过一支屋顶基金，以最少的费用达到最佳分配（屋顶基金是可在不同基金公司互相转换的基金，雨伞基金则是可在同一家公司间的不同基金间转换。）

5. 你应该购买基金。因为基金在风险和机会及报酬和稳定之间，能维持非常理想的关系。当然也有一些产品，同样拥有较高的安全性和相似的报酬。我举两个例子，一个是英国和爱尔兰的人寿保险（在过去三十年，平均每年获利超过12%），或者你也可以入股一家企业。

你应该购买哪一种产品，答案概括如下：在长期情况下，没有人能比市场更聪明；由于你不知道谁在未来仍会存在，你最好购买整个市场。上述的第三、四及五的可能性，我认为对于个人投资者来说最为实际：找一位好的投资顾问，让他为你挑出一些好的国际性股票基金，选择一支好的屋顶基金，并认购一种具有高保障也有高报酬的产品。

问题五：应该何时投资？

这个问题的答案也像上述回答一样：因为你不能预知未来，所以应该尽快进场；你愈快进场，资金就会为你工作得愈久。

以下的例子指出，如果你总是等待，而不去投资，情况将会多么糟糕。假设你现在四十岁，你希望六十岁时能支配一大笔金钱，因此你每个月投资三百美元；我们假设你每年能得到20 %的报酬，那么当你六十岁时，你一共会有约九十四万九千美元，这个结果很不错。那再让我们假设，你不是从今年开始投资，而是等到明年才开始，那你的钱的成长时间就是十九年，而不是二十年。

从今天开始算起，二十年只能得到约七十七万五千美元，比起你现在就开始投资，整整少了十七万四千美元。这个比例说明，如果你“只是”等了一年，那就等于你为这一年付出了

十七万四千美元的代价。这三百六十五天毫无等待的必要，在这段时间，每天你都损失了约四十七美元，等于每小时就失去二美元。

如果你用同样的例子去计算三十年，那么结果会更加明显：你每等待一年，就会失去约一百二十六万四千美元，也就是每天三千四百美元，几乎是每个小时，你就在等待中失去了一百四十美元。你尚未开始投资的每一天，都在毁灭你未来可能的报酬。你完全不用考虑什么时候才是加入投资的最恰当时间，因为没有人能知道未来会发生什么事，最好的时间就是现在。

请看一看表 8-1 和表 8-2，其中的哪一个基金你会更喜欢？

结果可能让你惊讶：基金二对每个月都定期投资的人来说，会有更好的报酬。虽然基金二在年终时的价格比年初时低，但整体的报酬较好。当基金一的报酬只有 18.83%时，基金二已经达到了 26.81%。原因在于，当这支基金的股价下跌时，定期定额的投资人就可以买进更多的股分。投资者在基金一购进了 71.3%的股分，但在基金二可以获得 160.09%的股分。

请注意，只有在你定期进行投资的情况下，这个平均费用效果才会有作用，特别是在股票市场的交易不活络的时候。在不景气的时候没有进行投资的人，就会失掉自己最大的获利机会。

在我看来，如果你每个月都定期投资，你会拥有一个特别有利的条件：你不需要为了选择一个正确的时间而伤脑筋。只

表 8–1 平均费用效果基金 1

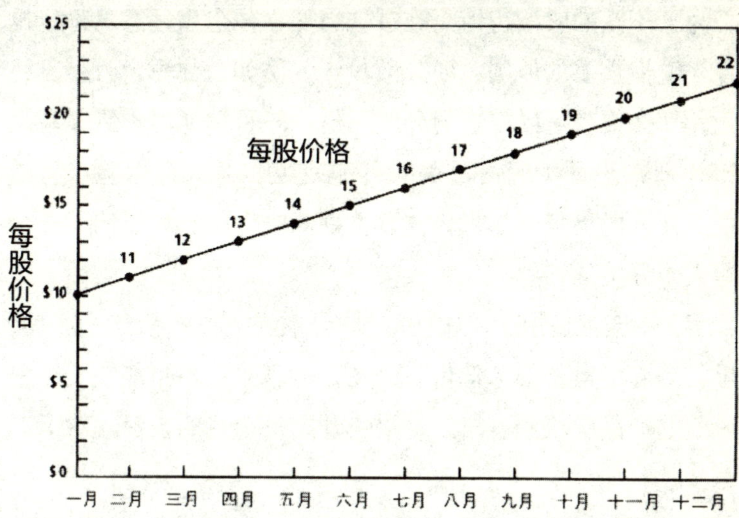

表 8–2 平均费用效果基金 2

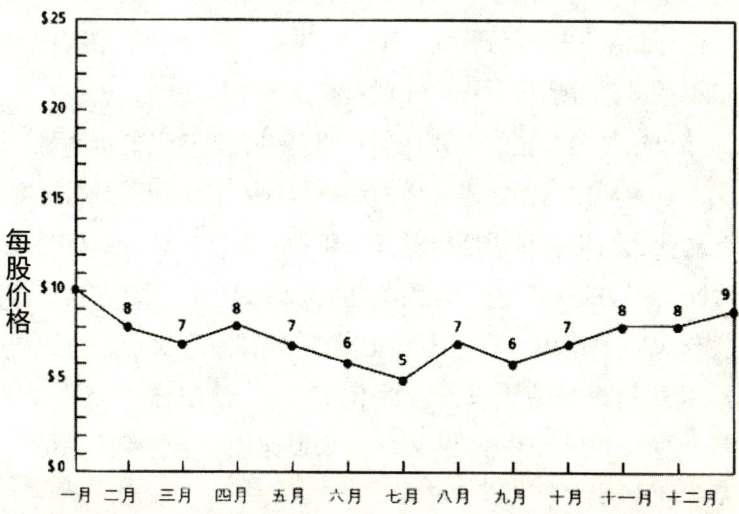

要你一直在一个大型的国际性基金及当地的屋顶基金投资，就不必为了下跌的股票行情而难过。当然，你也该注意对每位投资者来说最重要的原则：要分散投资。例如，你每个月存三百美元，那么你就可以把它们分成三份：一百美元用于屋顶基金储蓄计划；一百美元用于购买英国或爱尔兰人寿保险；另外一百美元入股借贷（如果你需要特别高的保障，可以购买一个德国人寿保险。）

另外，这也适用于一次性的投资：你要尽快投资这个产品。如果你等着崩盘，好“低价”进场，你就永远不可能在一个中等风险的产品中获利。总之，尽快开始每个月的投资就对了。

问题六：什么时候卖出？

为了回答这个问题，我们应该看看过去，从中取得几项可靠的指标。从 1950 年到 2000 年，标准普尔五百股价指数只有十二年亏损，其余三十八年一直获利。

如果这种关系真的存在，那我们可以看出自己的机率是：赚三次，亏一次。你觉得这样的结果好吗？我的回答是，这要看针对什么而论。对短期投资（一年到三年）来说，我认为风险太高。因为是短期投资，因此你的风险是一比三。在这样的机会与风险关系中，你绝不能把其余 40%用于投资。还记得吗？ 40%到 50%应该投资到货币产品上，这是你的后卫；然后其余的40%到 50%，投入到相对来说比较安全的股票基金，这是你的中锋。

也许你现在会问我："如果我亏损的风险这么高，为什么你还要向我推荐国际型股票基金？"问题的核心在于，你要在什么时候卖出？由于你的风险并不是永远都这么高。你对一项投资持有的时间愈长，你的风险就会愈低。如果你持有这项投资十年，那么风险出现的比率就是一比二十。如果你持有这项投资超过二十五年，那你的风险就差不多等于零。

你什么时候应该卖出，这个问题的答案很明显：最好永远不要卖出。一项投资的持有时间愈长，你的风险就愈低。请你只取出自己目前需要的钱，让剩余的钱继续工作吧。

问题七：真的该把10%到20 %的钱用于高风险投资吗？

只拿你金钱的一小部分去冒风险，想要避免风险，只会错过赚更多钱的机会。我从未见过一位没有在投资中赔钱的有钱人，但我也认识很多穷人，从未在投资中失败过。如果一个人从未尝过心碎的滋味，就不算真正恋爱过，也没有人从未经历过失败，就成了百万富翁。许多人没赢过这个投资的游戏，因为他们对于失败的恐惧，大大超过了对快乐和富有的占有欲。我的师父说道："每个人都想去天堂，但没有人想死。"

多数人根本不去投资，他们只是存钱，接受所得到的利息。投资者可以在星形图表的左侧找到自己的位置。那些最终停留在星形图表右侧的人，实际上与投资者只有两个不同之处：投资者有决心去承担风险，也甘愿用一生的时间去学习社会经验。

冒风险和赌博完全不同。很多人希望一次就能赚到大笔金钱，我只能祝他们好运，因为他们真的需要好运气。相反地，聪明的投资者懂得分散投资，以分散风险。在这种方式下，他们并无须期待所谓的好运，而只须精算风险。你应该学习去判断风险，对此，你需要的是知识。在过去，人们追杀并烧死女巫，因为大家认为她们传播了鼠疫、天花和霍乱之类的瘟疫。今天的分析家、银行、公司等，也被类似的方式谴责，大家把许多投资遭受的损失怪罪他们。投资当然会有赚有赔，但最该负责的应该是投资者自己。投资者是贪婪的，而且常在对风险概念不了解的情况下，就往里面跳。

因此，你应该培养理财知识：你要阅读报纸中的经济版、财经方面的书籍、财经杂志，而且你也要和那些拥有你十倍财富的人谈话。你要找一位师父：高手都有教练，而业余选手就没有。实际操作应是如此：你要在开发中国家、小公司及小型行业投资。在投资前，你应该记住以下这些规则：

1. 只在自己相当了解的市场里投资。

2. 尽可能在当地选出一个基金，因为一般来说，当地的经理人会比你更了解当地市场。

3. 只投资那些正好大跌50%以上的市场。

4. 你的第一次投资，最多只投入你对这个市场计划投资的50%。剩下的资金，要等到更好的行情时再去投资。

5. 书面写下你的报酬目标，坚持你的计划。

对于为什么你应该投资小型公司，还有一个原因，有时候，股票交易市场的行情会长期波动，指数长期几乎没有攀升。没有人知道这情况会持续多久，但我们知道，这种时候，那些小型公司的股价仍然会大幅攀升。从 1932 年到 1946 年，和 1958 年到 1982 年，这两段股票交易行情长期波动的时段，小公司的表现比大公司好的比率是六比一。

你现在能做什么？你可以从一些高风险等级、前景可期的基金里做选择。另外一个可能性是，选择一支风险不是太高的屋顶基金，这样你就投资了许多“火热的”市场及行业，而一位专业人士会为你做这项工作。

别再说你不懂投资

许多人还是想着，自己不需要了解投资者的领域。我们无法长期依赖我们的社会国家。很可能对今天的你来说，没有投资的可能性，也永远不能理解它的运作方式。但在短短几年内，你很有可能成为相当有能力的投资者，或你在这段时间中，找到了一位投资顾问。在本章最后，我还想给你一个建议，虽然你或许会不屑一顾。我知道你可能认为：“投资这件事我做不来。”但我求求你别低估自己，每个人身上都藏着比我们所想多得多的东西。

就是这个建议：注意看看你在何处可以入股一家企业，成

立一家新的企业有时只需很少资金。存下你的钱，然后注意去看，寻找能直接投资一家公司的各种机会。你必须承担很大的风险，但同时你也得到很大的机会。如果你投资的这家公司成功了，恭喜你，没有其他地方可以让你能如此轻松赚到许多财富。而且如果你聪明地安排，这些收入也不用缴太多税。

因此请立刻进到下一章，它会让你的目光锐利，掌握好机会：如果一位企业家能聪明定位自己，那就能创造梦寐以求的报酬契机。

第九章

将自己定位为专业人士

过去一百年里我们认为，必须要有专业的知识……但还有一些完全不同的位置，人们只需工作……今天我们认识到，在快速发展的现代化世界里，每个人都必须是位专业人士。

——彼得斯（Tom Peters）

请设想一下，如果有人在地上扔了两张五百美元的钞票，和二十张五美元的钞票，你应该怎样做，才能最有效率地捡起这些钱？你当然要先捡那两张大面额的钞票。特别是还有其他人在场，而他们也想拿到这些钱的话，那就更重要了。在这一章里，所提的就是这些大额钞票。身为薪水阶级，如果你照着本书第六章的十五项守则去做，那么你将能在一年内多赚20%，有时候可能还更多，但大多时候不会超出太多。想要让收入增加两倍，你就必须为自己创造一个全新的前提条件。

再回头看看我们的例子，就算你把全部的小额钞票全拿到手，但你手中的钱仍然无法超过地上钱总数的10%。也就是说，尽管你做了更多辛苦的工作，收入都比不上拾起这两张五百美元的钞票。这里要说的不仅是辛苦地工作，如果你真想要赚到很多财富，就必须专注在这五百美元的大额钞票上。

专业人士赚更多

要得到高收入，就需将自己定位为专业人士。然而，专业人士的概念对所有人都不太相同，我们必须对此做个定义。如果你思考一下这个关于钞票的例子，就会得到答案：

在一个小型领域里专业化，有清楚的界限（五百美元的大额钞票）。你要抗拒捡起五美元钞票的念头，最好是去找新的五百美元钞票，并以此获取更多的财富。你应该成为第一位能够随心所欲寻找自己想要的东西的人，而其他人只能捡剩下的东西。

因此你必须学习的是，如何将自己的专业转化为经济上的成功。有很多专家，懂得很多，但是赚得很少，他们不了解真实世界。当我谈到“专业人士”时，我指的是那些把专业知识和经济智慧，成功结合在一起的人。那些把握住本章基本原则的专业人士，所赚的都比一个普通的“专家”要高得多。这一章将会改变你的生活，最少会把你的收入提高到，让今天的你觉得不真实的境界。你能在三年内，收入提高两倍，甚至更多。

当然，没人会自动把这种高收入送给你，你必须付出代价。首先，你也许应该彻底地去思考，并完全改变自己。很多人对此还没准备好，他们觉得有风险；其次，你必须每天花上一个小时左右训练自己。本书会为你指出这条路，但你必须要自己去走。

如果以上两点，你都已准备好了，现在我便要邀你加入一个刺激的旅程：如何将自己定位为专业人士。

考虑核心能力才能创造无限可能

三十年前，定位（Positioning）在美国已经出现。屈特（Jack Trout）和李斯（Al Ries）把这个可能是史上最成功的策略，做了最佳的解释。定位在德国仍然不太为人所知，因此麦维斯（Wolfgang Mewes）在这发展出“狭道专注策略”（E K S）。这两种模式都很杰出，每位企业家都该学习这两种方法。就本

书来说，以上两种模式还须有两个重要补充：

第一，这两种模式主要是针对企业开发出来的，特别是建构教学法，几乎只专注于大型企业。对我们来说，更重要的是如何把“个人”定位为一位专业人士。

第二，以上这两种模式只追求利润。这并不是说我认为钱不好，正好相反，在我们的工作中，不该全都透过利润的有色眼镜来看待一切。我认为必须先专注在个人的人格特质上，而不是赚钱。在一个自己不感兴趣的领域中定位自己，只是更快达到错误的目标罢了。

说得更清楚一些，虽然你能赚到很多，若没有感到快乐和充实，我并不满意。我不是为这种目的而写作本书的。因此，本书的第五章和第六章，是将自己定位为专业人士的前提条件。你必须先确定工作与自己的天赋相符；之后，你应乐在工作之中；最后，你必须能为别人解决问题，尽可能聪明地往前走，并多赚钱。

很多人并不确定自己到底是什么样的人。他们根据自己所得到的知识，或所取得的成就来定义自己。他们不愿意把这些知识和成就放到一旁，因为这就好像在跟自己的身份告别一样。因此你第一个问题不该是：“我的核心事业是什么？”而是应该要先问：“我的核心能力是什么？”

很多人都只以经济考虑来决定核心事业，他们遵循着这种格言：“只要可以赚到很多钱，这就是我的核心事业。”我认为这是个完全错误的想法，只会把自己的能力用铁链锁上。如果你以自己的核心能力来考虑，就能无限发展，如果维珍

（Virgin）公司的布兰森只顾及自己的核心事业，那他必定无法将公司扩大到今天的规模。布兰森知道自己的核心能力在于，他能够认出成长的机会，当一家市场的龙头迟缓下来，无法满足客户要求时，机会就来了。因为这样，他如今拥有了三百多家公司。他的成功故事，成了定位原理的最佳实证。

你应该先找出，什么才是和自己天赋相符，并让你感到快乐的东西，因为在这基础上定位自己才有意义，并能快乐地赚取大量财富。另外，如果你奠定下了这个基础，就没有理由不去收集那些大钞。

宁做小池塘里的大鱼

请你找出两、三位知名人物，想想为什么你会知道他们？我敢打赌，你能立刻找出他们各自的领域。比尔·盖兹靠的是计算机软件，史匹伯（Steven Spielberg）则是特效电影，而罗德瑞克（Anita Rodderick）是因为标榜自然化妆品的美体小铺（The Body Shop）。

现在轮到你了：“你靠的是什么呢？”你“占有”某个领域吗？你是其中的第一人吗？太多人试着想做“所有人”、完成所有的事。但这意味着，尝试做所有人的人，结果会什么也不是。今天的窍门在于，在最小的领域中当最知名的专业人士。

一只能生蛋、长着羊毛又产奶的猪，即便还会潜水及飞翔，是没人会在意的。

举个例子来说：你超速五十七公里，驾照要被吊销一年。你会去找谁？找一位“什么法律都懂一点、但样样不精通的”律师？还是交通法的专业人士？假如，你从朋友那里听说：“有位叫史密兹的交通法律师，他处理的超速驾驶案子，有97.5%胜诉，大家都叫他胜诉史密兹。我弟弟超速九十公里，但史密兹帮他打赢了这场官司。”你该去找谁，已经相当清楚了。

另一个例子：你滑雪时发生意外，造成腿部严重骨折。你去找附近的医生，他说：“十七年前我也发生过一次类似的意外。请等我一下，我立刻去找出我的病历，看看当时是怎么做的。”还是你觉得找每天处理七到十二件这种骨折病例的专业医生，会让你觉得好些？

“这个问题太笨了！”你会这样说。的确，答案再明确不过了。如果你会尽力找位真正的专业人士，而且觉得专业人士比“普通”人赚更多时，请允许我提出两个挑衅的问题：

你有从中针对自己的工作得出个合理的结论吗？

你有明确的专业训练吗？

当我在讲座上提出这个问题时：“谁能用几句话描述自己的定位？”大多数人一言不发。就算是在个别会谈的场合，也几乎没见过什么人回答这个问题。我发现原因有许多：

1. 为自己定位的原理仍相当新颖，几乎不为人知。在一百多年前，还有很多全才，今天大家仍对“伟大的全才”佩服不已，但他们多半已变成“专业白痴”，什么都不专精，但如果是真的专业人士，你会发现，里面有许多的五百美元大钞。

2. 如果一个人守着专业，只做相同的事，似乎比较无聊。这种观点当然来自非专业人士，专业人士知道情况正好相反。如果你不进行专门研究，那你就只会停在某个层次，无法继续前进，日常生活也不会改变。专业人士虽然只待在小型的工作领域，但每隔三年，许多领域内所需的知识就会翻倍。如果一生的时间，一直用同样的速度学习，这样只能在一个比较小，而且比较透明的领域里，才可能做到。如此专业人士的“日常作息”和别人比起来，也总是处在较高的层次上。

3. 很多人觉得，专业人士无趣，也是无聊的谈话对象。这种观点也不正确。你的知识愈专门，就有愈多重要人士征询你的意见。难道你觉得，我们的总理会听一个撷取众人部分知识，但又漏洞百出的人说话吗？他当然要听取在这个领域内顶尖人士的建议。所以，你在特别的领域拥有更多知识，就会认识更多有趣的人。

4. 之所以只有少数人愿意将自己定位为专业人士，原因只在于，大多数人因为害怕。他们害怕没有足够的工作、害怕失去顾客。他们宁可服务更多人，以留下顾客，尽量做好生意。五十年前，这种恐惧在许多领域中或许存在，但是今天，媒体以各种难以置信的方法传播信息。今日的交通便捷，距离已不成问题，我们能轻易地旅行数百公里，只为解决一个特定问题。

今天，你愈专业，拥有的顾客就愈多。试想一下，你和谁订个约会比较困难？和一位“全才”，还是与知名的专业人士？今天，只有没有专业的人，才会感到恐惧。

5. 许多人不愿，或不能拒绝身旁的美丽诱惑。就像童话故事里的小红帽一样，她在无边无际的森林里愈走愈深。很多人就是这样，为了短暂的利益，迷失了真正的目标。一位真正的专业人士，他不仅知道要的是什么，而且还必须知道，什么是他不需要的。这是一种区分出谷壳和麦子的能力。

定位的六大基本原则

有个故事这么说：一名年轻的女孩在树林里迷路了，她遇见了一位老人，向他问路。这位老人想了一会，然后说：“你沿着这条路一直往前走，大约五百公尺左右，就会看到一棵巨大的桦树。它被闪电劈成了两半，在那儿你向右转，然后……不，这不行。最好你先往回走，一直走到一条小溪旁，然后向右转四十五度一直走，直到看见一座老风车，然后再往左……不，这样还是不行。”

这位老人想了很久，然后抬起头看这位女孩：“你知道吗？从这里你根本没办法过去。”

这个故事让你想起自己目前的工作情况吗？也许你现在也

走上了一条绝路。也许你必须走其他的路，或一条全新的路。我希望给你勇气，让你知道，这值得去做！为了实现成功定位的基本原则，你必须完全改变自己。请看看你从事的工作，如果需要许多改变，那么你的工作是否真正适合你，就是一个问题。

很多人对此毫无准备，他们认为成功不属于自己，或者他们只是依循古老的传统观念。的确，那些都很传统，但不一定有很多智慧。你知道这句格言吗？“宁要手中的麻雀，也不要屋顶上的鸽子。”请赶快忘记这句话吧。如果以这种心态去思考我们举过的例子，那就是“宁可要手中的五美元，也不要地上躺着的五百美元。”这是个完全错误的想法。

现在，让我们来看看关于成功定位的六项基本原则。你将会发现，这些原则对你来说并不困难。当然，它们需要勇气来实践，也许你必须改变很多。个别的基本原则先是为自由业者设想的，接着你可找到适合每种工作类型的转换原理。

原则一：不是更好，而是与众不同

当我问参加讲座的学员这个问题时：“为什么我应该向你买东西？”我常听到的回答是：“因为我是最好的。”由此我发现了一个最糟糕的错误，也是大家在工作生活中会犯下的。为避免误解，我必须说，我当然愿意有好的质量。做不好工作的人，很快就会被淘汰，但质量有时很难用广告让人知道，因为以下两个原因：

第一，几乎所有的企业都强调自己是最好的，而多数都在骗人。新的顾客不能判断企业是否说了真话，因此他更愿意去找一家依据第一项原则的公司：不是更好，而是与众不同。

第二，强调最好，已经引不起任何注意，因此没什么大不了的。质量只是前提，顾客想要知道的，只是你与其他公司有何不同。而关键的问题在于：什么东西才是顾客只能从你那里获得，而不能从其他公司取得的？你如何判断一家标榜最好吃的餐厅是否真的好吃？难道你不会更想知道，某家餐厅里的印度菜很辣，如果你喜欢吃辣，那么就会去那里。

这种原则也适用在所有工作上：你要找到一条路，让自己与众不同。如果你做其他人都在做的事，那么你只会像沙漠里的一颗沙粒一样没有价值。就算你是里面最好的沙粒，也起不了太大作用。

第六章很有用。你还记得图表上的交集吗？其中的交集有你最重要的能力，让你感到疯狂的快乐，也能指引你走上一条“与众不同”的路。如果你以这个交集为基础，那你就可能和做相同工作的他人“大不相同”。我天真地相信，我们之所以拥有某种能力，并能从不同的事物中获得乐趣，一定有意义。就像你玩积木拼图，最终拼出的图案总是独一无二。第一项定位基本原则的关键，就在于认识你的独特之处。

原则二：做最好是不够的，你必须非常特别

还记得学校里的事吗？如果我们得到好成绩，对大多数人

来说并无所谓，因此多数人选择跟随大众。很多年轻人不愿与众不同，因此他们的穿著打扮都差不多，爱好也都相似；到了成年，他们继续按照这个原则过活。这是一条危险的路，因为和别人做一样的事，得到的也就和别人没什么差别。

再举一个例子：运动。你记得在上届奥运得一百公尺短跑金牌的运动员吗？你可能会记得：柏特（Usain Bolt）。但你知道谁是第二名吗？而第三名、第四名、第五名又是谁？不知道？为什么不知道？如果你是奥运上跑得第五快的人，不是很棒吗？当然很棒。但是，没有人对你的很棒感兴趣，我们只对特别出众的人感兴趣。赢家不相信："参与就是胜利"这样的话。

为什么会这样？因为我们有太多的信息。平均而言，一个家庭每天大约从电视里看到七十五万幅图片；我们每天会看到五百四十七则广告，每年超过二十万则广告。平均在一家超市里，我们可以在一万两千个商品中选购。

让我们想想，过去的一年里我们看了多少场体育赛事：奥运、联盟冠军（Champions League）、一级方程式大赛、世界足球大赛、欧洲足球资格赛、网球、高尔夫球等。我们的大脑必须先学会把普通和不重要的东西扔掉，然后再淘汰掉那些并不真正特别有趣的事，不然我们肯定会疯掉。我们只能记住非常特别的成绩，中等和良好成绩无法代替与众不同的东西，且与众不同的人可以获得所有。那些掉进公平陷阱的人，可能会问："赢家真的可以获得所有吗？"答案是："没错。"因为一般人不可能取代有清楚定位的赢家。

有许多人或许只想拥有如乔治克隆尼或帕华洛帝一半天

份，但就算一个二流的人想无偿工作，和领高额酬劳的超级巨星仍有天壤之别。巨星的酬劳十分可观，但顾客的费用却微不足道。如果你想要吸引别人，就一定要与众不同。这并不是说你必须赢得金牌，但你必须找出一条路，一条与别人不一样的路。而要找出这条路，比你现在所想的要简单的多，你只需实现下一项基本原则就行。

原则三：成为第一人

也许你是位明星。恭喜你，你已经比其他很多人成功得多。其实，就算你不是明星，你依然可以很突出，你并不需要比别人更好，只需要成为自己领域里的第一人。

还记得第一位驾驶飞机飞越大西洋的人吗？是林白（Charles Lindbergh）。那谁是第二位呢？是海克勒（Bert Hickler），他只比林白晚了几个星期，而且还快了将近三个小时——也就是更好。但没有人对此感兴趣（除了澳洲一个小城市的居民，那是他居住的地方）。那么是谁第一位登上了圣母峰？希勒瑞男爵(Sir Hillary)。谁是第二位？很少有人知道。

谁第一位踏上了月球？是阿姆斯特朗（Neil Armstrong），但知道第二位的人还是很少，尽管他当时是阿波罗十一号的指挥官。你现在又再次看到：谁是最好的，并没多大用处，就算是指挥官也不例外。另外，还有第三个人也和上述两位一起飞越了整个旅程，但从未踏上月球，因为他必须待在火箭里。你知道他吗？某位喜剧演员曾经这样说：“其实他完全可以坐在家里……。”

请想一下，你的领域内还有什么地方能让你成为第一人？记住：范围愈小，就愈容易成为第一人。凯萨大帝已经知道：“当城里的第二人，不如做村里的第一人。”意思是说，在小区域里当第一人，比当众人中的一份子，要好得多。卡内基（Andrew Carnegie）曾说：“第一个人得到的是珍珠，第二个人得到的是蚌壳。”如果你的领域里的所有位置都被占据了，你要怎么做？你怎样才能做到第一人？你必须用到第四项基本原则，来达到这样的结果。

原则四：如果无法做第一人，就发明新的类别

第二个飞越大西洋的人或许少有人知，但有趣的是，第三个飞越大西洋的人，却非常出名：她是艾尔哈特（Emely Earheart），她是首位成功完成了此一挑战的女性。她在自己的类别里是第一人。

麦斯纳（Reinhold Messner）也是如此，他并不是第一位登上圣母峰的人，也不是在前十名内，因此他创造出了一个新的类别：他是首位没有佩戴氧气装置，登上这座世界最高峰的第一人，而且也是第一位登上全世界所有高度超过八千公尺山峰的人。他还是第一位为经理人士开设讲座，告诉大家能从登山中学到什么的欧洲人。

现在看来，第一项基本原则要比第三项和第四项容易许多。你也许需要长时间思索，才能找到让你成为第一人的领域。但

如果你成功了，你就可以每年赚到上百万元。

我的建议是，你首先要想想，什么是你的特性和能力，什么让你感到快乐，然后再让自己与众不同。但你不能就此满足，你要继续思考，怎样才能创造出新的类别。大部分人只想了几个小时，然后就放弃。我认为，不是因为这个小范围太难占领，而是因为很少有人会花上几年时间，对此进行周密的思索。

假设你已习惯每天花约十五分钟，去思考如何成为第一人，并写下来，也许你会从中发现什么。我已写下了十几个类别，目前在德国还未有人涉足。这所有的一切都是绝佳的机会。

原则五：宁愿顶尖，不要广泛

当杜塞道夫（Dusseldorf）机场发生火灾时，很多人被锁在一楼的大厅里。他们试图打破一扇巨大的玻璃窗逃出去，于是几位强壮的男人抬起一张大桌子，飞奔到玻璃窗前，用桌面不停地撞击玻璃窗，但怎么也打不碎，大家便惊慌起来。这时候，有个男人开着车经过了这扇玻璃窗，他看到了这一幕，从工具箱里找出了一把铁锥，然后奔向玻璃窗，举起铁锥砸在窗上；当锥尖碰到玻璃窗时，玻璃碎成了千万块。

这个教训告诉我们：不要在市场中展示自己的广度。你提供的种类愈多，愈难吸引注意力。太多公司提供太广泛的产品，让顾客难以选择。你可以设想一下，就像从跳板上跳到池水里，如果腹部着水，姿势就不太优雅了。你愈“笔直”地人水，效果就愈好。你为营销领域设定的范围愈小，你就能愈快扩张市场占有率。反之，你愈想展示自己的广度，就更难达到想要的目标。

因此，你尽可能只做单一产品，或把注意力集中到唯一的能力。如果你赢得一位顾客，当然就可以提供更多的产品。换成营销的概念是：在冷市场中（别人不知道你的地方）突出，但在热市场（你的顾客群）提供适合你定位方向的一切产品。

我曾向许多专业人士问过这个问题："你知道哪一家产品众多的公司能迅速成长的？"至今也没有人能举出一个例子。总是这样，只有单一产品或是单一的产品类别能很快发展，然后在壮大后，再形成多样化产品。这是否聪明，就见仁见智了，但成长多半嘎然而止。

关键在于：如果你很"小"，又想很快成长起来，你必须用尖端钻进这个市场，不然你根本进不来。让我提供一个点子：多半时候，在你的热市场中保持顶尖会更好。对你的顾客来说，这项基本原则也一样适用，因为大家不会选择在多个领域都是专业的人。你愈突出，就会获得愈多信任；你可信度愈高，就会愈成功。

这对你的工作会有怎样的影响？答案是：你只谈单一的能力，只注意单一的天赋，你不用付出什么，就会赢取很多。没有人会相信，你可以在很多领域里都表现得非常杰出，即便你真的可以。

一个人想要很多不同的能力，在这一点上就会比较困难，你必须决定一项自己的能力。你想一想舒马克（Michael Schumacher）：除了赛车之外，他的乒乓球打得很好，在足

球和很多运动项目中，也有很好表现。如果他当初没有专注在赛车的领域，那么他今天会做什么？他肯定会在许多方面表现杰出，但绝不会有今天的成就：有史以来最杰出的世界冠军和赚最多钱的德国赛车手。

例如：你会唱歌、跳舞、用计算机，能听懂动物的语言、会画画、潜水、攀岩、做账，不会忘记别人的名字……，那么会有很多人佩服你（以我为例，我就做不到这些）。但如果你想要精通一切，那么在所有的事上，你都不会有杰出的成就，而且不了解你的人，只会把你当成一位普通的雇员。你需要的是放弃的勇气——愈少就是愈多。如果你真的想要飞黄腾达，就必须为选择一个专长领域，专注比分散要好得多。

原则六：立足于顾客的需求

假设二十年前，你就把注意力集中在唱片这项产品上。你知道所有关于唱片的事，该怎么保存、怎么清理、怎么修理唱机，那么这项技能今天能帮你什么？什么都不行！唱片已经被淘汰了。但如果你能满足顾客对于音乐的需求，即使唱片已被淘汰，你仍与时间同步。另一个例子是，德国的新市场（Neue Markt）证券交易。专注在上面的人，都会在它破产后唉声叹气，但专注在增加金钱的基本需求上的人，就保有了市场。

某些产业总会逐渐被时代所淘汰。大量的人失业，不仅只见于非专业的工人，同样也出现在许多专业人士身上。这个现象的教训是：一定要专业化，但不能专注在特定的操作方法上，而要立足于顾客的需求上。你应该选出自己想在哪方面成为专业人士，然后要利用所有你可以利用的技术和机会。

这样一来，你会让顾客觉得，你不是只想卖东西给他，还能尽量满足他的需求。一位专注在基础需求上的专业人士，会更独立自主。专业人士有个最大优点：顾客会感觉他为自己的利益说话；反之，销售员则代表着公司的利益。专业人士独立自主，为自己的顾客寻找合适的产品或作法。当然，这对专业人士有正面效果：顾客会主动打电话给他们；反之，企业家则必须自己争取顾客。因此，企业家如果更像专业人士的话，也就会有更多的顾客。

原则七：选择特定的销售对象

万宝路是有史以来最成功的香烟品牌，这点肯定归功于该香烟的制造公司——摩里斯（Philip Morris）所做的广告。每次我回忆起来，都不会忘记这支广告的主题：牛仔。在欧洲你认识多少牛仔？这是一个相当小众的“销售对象”。所以牛仔并不是它真正的销售对象，真正的销售对象其实是广大的吸烟族群。然而，这个自由与冒险的希望，是每个人都想拥有的。大多数人希望为所有人做所有事，但如果想把所有事都做得正确、做好，那么最后就只会一败涂地。有个趋势是：留住顾客。这当然重要，公司付出了许多努力，为的就是让顾客满意。在你做这些事之前，你应该先问问自己：你真的想要留住这些顾客吗？如果是，在得到对自己尊敬和真正喜欢的顾客之前，请

付出长期高质量的服务。

此一基本原则的关键在于：不要只为了你所拥有的顾客而去改变公司形象，而该改变公司的方式，去争取你想得到的顾客。今天的顾客在购买上，有更多的选择，但这个自由也可以反过来运作——今天的公司也可以选择想要的顾客。当我问一些企业家："你想要什么样的顾客？"时，我常听到："能付钱的人。"这既不是一个小众、也不是定义明确的销售对象。

几乎没有人提到，"企业可以决定销售对象"这个观念。把顾客看成乳牛，希望从他们身上榨取更多财富的人，一定很难让顾客满意。你的公司不是为所有人做所有事而成立的，而是要为特定人士做出最佳的服务。为什么你要针对一群小众的销售对象，还要仔细地选择，有以下两个原因：

第一，顾客希望他们的特殊需求和愿望能被认真地对待。一致的解决方式愈来愈让人难满意，而容易遭到拒绝。如果你认识了顾客的不同之处，你才能创造出独一无二的产品，且没有人会和你竞争。

第二，如果你不了解自己的销售对象，你就无法赢得顾客的心，只是在浪费钱而已。只知道一点点是不够的，你要尽可能知道更多：他们的年龄、工作、家庭关系、爱好、常看的电视频道、常阅读的报纸杂志等，这可以让你知道该在何处打广告。

原则八：为别人解决问题

问问你自己：什么是我的销售对象最急迫的问题？如何

才能解决这些问题？如何才能够在自己的销售对象中，顺利找出这个最急迫的问题？你需要和他们建立关系，不断和自己最重要的顾客会谈，知道他们想解决的问题，再提出自己的解决方案。

举例来说，如果你需要做心脏手术，你会想让自己的家庭医生来做这项手术吗？你当然想选最好的心脏科权威医师。你的问题愈大，你找到一位专业人士的期望也就愈大，而你愿意为之支付更多钱的决心也就愈大。所以，身为一位专业人士，去解决问题是值得的。

此外，你得允许别人解决你的问题，因为你需要寻找合作伙伴。别人往往能更轻松地为你解决问题，因为他们正是这方面的专家。此外，请定期地问自己：我的瓶颈在什么地方？什么地方是我的罩门？谁能为我解决这个问题？如果你常自己来解决所有事，会有碍你的定位。也许你之后会在许多领域表现不错，但没有一个领域是真正杰出的。这是定位策略的自然结果，因此请委托其他公司特定的任务，并寻找伙伴。

如果你寻找合作伙伴，就不能寻找那些和你有相同能力的人或公司。在这种情形下，你需要找的是能和你互补的合作伙伴。先有一段测试的时间，再发展长久的关系。

原则九：懂得为自己宣传

你吃过鸭蛋吗？大概没有。其实鸭蛋更大、滋味更好，也更有营养。那为什么我们总是吃那些小小的鸡蛋呢？这是因为

母鸡更懂得去创造自己的市场。当母鸡生了蛋之后，它会开始咕咕叫，让它的产品受人注意。

即使你实现了前八项基本原则，仍是不够的，你必须让其他人注意到你。就算你是第一位踏上火星的人，但如果没有人听过，对你来说也毫无用处。我们必须对第三和第四项基本原则加以补充。你不仅要做第一人，还需要在公开的场合下成为这第一人。请你想一想维京人，他们比哥伦布还要早到达美洲，但哥伦布还是被视为发现美洲的人。你必须在公开场合展现自己是位专业人士；你可以做特别的事或写一本书，你可以撰写专业文章或去电台接受访问，你可以演讲或试着赢得奖项。但无论如何，你一定要在公众的目光之下。你不能只满足在专业人士的圈子里出名。这是一条漫长困难的路，因为一位专家常常不能分享别人的成功。

在公开的场合有这种规则：你的知名度决定自己定位后的经济价值。有些所谓的“专家”说的话毫无用处，就算他们对其他专业人士做出批评，或写出什么不好的东西，也只是有助于他出名，他也就会因此赚到更多。然而谈论你的专长，并不会和那些暴露狂划上等号。有很多的方法可以让自己受到大众的注意，你不用像小丑那样进行爆笑的表演。例如，你可以想一想德国排名第一的顾问专家伯格（Roland Berger），尽管他只是每隔几个星期在自己的专业领域上发表看法，但几乎所有德国人都认识他。

原则十：决定价格

如果你的公司与众不同，而且有独特之处，让顾客除了你之外没有别的地方可去，那么你就可以自己订价。如果你和其他公司一样，那将会是你的竞争者决定价格。这对薪水阶级来说也是一样：如果你能做别人不能做的事，你就可以决定自己的收入；如果所有人做的都是同样的事，那就让公司来确定工资。

换句话说，要不你就和别人不一样，要不你就必须付出很大代价——与大家共同竞争。如果竞争者都为了获取顾客而相互厮杀，竞相压低价格，也就无法真正获得利润。他们必须把自己的产品及劳动力，低于实际价值卖出。对专业人士来说，正好相反：大家争相拿钱给他。

基本原则可以做什么

你对于这十项定位基本原则有什么感想？你当然可说："我不能用在自己的情况上。"但是这会很可惜，因为我敢打赌，这个世界上肯定有个和你的境遇相似的人，以及与你相似的能力，但他成为了富有的专业人士。其中的差别并不在于当时的情况，而在于你在这种情况下做了些什么？这个世界上有很多

东西，我们不能改变，但我们的生活是自己随时都可以改变的。这些定位基本原则能当成很棒的指标。

比起等到海水干枯，把船修理好显得更聪明。这说的是：专注于你的力量所在之处，不要注意目前的现实情况。如果你是位医生，就不要去等待法律的改变，才将自己定位为专业人士。

只有少数人能改变市场。对此我的建议是，不要去试着说服或改变别人，这样你会消耗掉太多能量与时间，而且这就像唐吉诃德与风车搏斗一样傻。请将精力集中到你能做的事情上，专注在那些正好需要你的能力或产品的人。不要尝试改变人类或这个世界，最好是去改变自己的立场和营销方法。

每个人都适用的定位原则

以上的基本原则人人都能用，而且是每一个人。也许对某些人来说，他们所需要的时间比别人要长，或需要付出更多的气力，而得到的结果也不会相同。但对每个人来说，都是值得的。开始去做，不要等待。用生命给你的颜色去描绘，但要画得好！

并非人人都天赋异禀，但凭着时间和耐力，我们能做到别人做到的事。例如在学校里，并不是每个学生都是最好的，但在经过长期练习之后，得出的结果是：如果学生在一次考试中没有及格，三年后重新再考一次，就几乎会百分之百及格。即使是非常难的考试也如此，而在此之前只有少数优秀的学生才能通过。

这往往只是时间问题，一些人在生活中能较早由于拥有与众不同的因素，达到其他人尚未达到的目标。比别人多耗费三年并不算糟，真正糟糕的是失去了勇气，并对自己说永远不可能成功。我们每个人都在等待机会：所有明日的专业人士，今天都还默默无闻。所以你需要耐力和勇气。每个人都有天赋，但很少有人能有足够的勇气，跟着自己的天赋到黑暗中去。例如，这样说往往会简单一些："我没天赋。"而不是冒风险去做重要的决定，培养自己的天赋。

顶尖的运动员也是每天训练四到六个小时，所以当他们不断进步并且赚了很多钱，也就不足为奇。这不是不公平，而是符合新的规则。问问你自己：你每天训练自己几个小时？注意，我问的并不是你每天做了多少小时的工作，而是你为自己，每天训练了几个小时？

你应该如何开始？如果你对于将自己定位为专业人士没有好主意，你应该做些什么？首先，你应该在两个可能性之间选择：你是想继续当员工，还是想成为老板？

假设你决定继续当员工，同样也能训练自己。想一下，自己应该如何变得不同——当然是变得更好。你要如何才能超越别人？你要使自己愈来愈专业，并且加强自己的能力和天赋；你要考虑如何让自己的基本需求得到满足。要注意，你应该巧妙地在公司里自我训练：和特定的销售对象洽谈，为这个销售对象解决急迫的问题，并且是在某个领域的第一位。在一家好公司中，你比较容易提升自己的能力，并学习到很多东西。让自己更专业，能为公司解决某个特殊问题。你要学习让别人注意到你，但不能自大或狂妄，例如你可以为公司的电子报或期刊写文章等。

透过创意找到未来方向

如果你是位自由业者，或是你想成为自由业者，那么你就要有个令人振奋的创意。你知道策略与技巧间的差别吗？技巧是特定的行动方式；而策略是行动方式的计划，是整幅蓝图。每个人都能很快学会技巧，但策略却比较难以被发现。

你认为哪个更重要？好的策略？还是好的技巧？大部分的人会回答："策略更重要。"我的回答是：没错。可是，只有少数人能一开始就有个完美的赢家策略。如果一个人完全相信自己的策略，就会尝试用不同技巧去成功运作这个策略。但有可能这个策略并不能成功，那么之后该做什么呢？你已经花费太多时间，现在必须从头开始。如果你不是立刻决定一个策略，这样可让你灵活许多，并且能轻易改变想法。

部分最佳的策略已经产生，因为有人要不是撤换了不成功的策略，就是他先从简单的开始，而且尝试过不同技巧——最后找到了赢家策略。以下是这两者的有用例子：

一名年轻人听说很多淘金者都去了加州。于是他想到，也许会有很多的人需要很好的帐篷。因此他用所有的积蓄买了很多的帐篷篷罩，跋涉了几百公里来到加州。当他来到加州时，发现已有了和他相同主意的人，这片地区已经到处都是帐篷。

现在他该怎么做呢？他开始寻找新的策略，并注意观察这些淘金者。很快地，他发现由于淘金的缘故，这些人的裤子都磨坏了，而且膝盖上全是大洞，因为裤子的布料太薄。于是他有了一个主意，把这些帐篷篷罩的布，用来为淘金者做裤子。就这样，利瓦伊（Levi）牛仔裤被发明了，其余的故事就成了历史。

有个人想到了一个主意：他把世界上最著名的文学作家作品编在一起，称为《经典作家大全》。这是个好主意，但可惜没有人买这本书，因此这人损失了很多钱。过了一段时间，另一个人有了相同的主意，同样是编辑所有知名的作家，但他把这本书叫做《大美国厕所读物》。他从第一个人手里用很少钱买下了版权，赚了几百万美元。

迪斯尼（Walt Disney）在一场诉讼中败诉了，法官把他创作的卡通人物“野兔奥斯华”判给他的竞争对手。败诉后的某一天，他乘火车返回故乡的途中，在车厢里看到了一只老鼠。突然之间，他有了一个主意，准备尝试创作出另外一种卡通人物，于是米老鼠诞生了。你想一想，如果迪斯尼只是一直沉浸在悲伤中无法自拔，那会怎样？

一位女士写了一本书名叫《关于女人，男人该知道的一切》，赚了几百万元。这本书被女人们争先抢阅。这是个很特别的主意，因为此书只有九十六页，而书里什么都没有。

一家药厂曾为了治疗感冒，而力图发明一种特效药。这种药应该让生病的人在服完药后，仍然能继续正常工作。终于，他们找到了配方，感冒消失了，病人不再咳嗽，鼻子也通畅了，头和关节也不疼了。但这种药剂有一点小小的副作用：服用之

后，就不能保持清醒，而且会睡得很沉。怎么办呢？解决的办法当然是另一项新的策略：这家药厂把它改成帮助睡眠的药，而成了畅销商品。另外，威而刚也是这样来的。研究人员原来想要发明一种医治心血管的药物，却发现这种药品有一种有趣的副作用。

3 M公司的实验室想要发展出一种全能的黏胶，结果却发现这种胶水永远干不了，只好宣告失败。后来，一名相当有创意的人改变了策略：他把这种黏胶涂在一张张小纸片上，就成了如今我们看到的便利贴。

也许你会说："这些都是很美的故事，但我能从中学到什么？"我的回答是：你要学习发展自己的创意。而且在你将自己定为专业人士时，需要透过学习和创意找到你想要发展的方向。

创意生成的四部曲

很多人觉得自己构思不出好的创意，但我相信，那只是因为没有足够的练习。如果说有人一出生就能有无数天才的创意，那只是神话而已。事实上，寻找创意需要的只是不断的努力。对很多人来说，这样说比较简单："我想不出什么有创意的……。"这样他们就不需要伤脑筋，也有个借口。

想要想出一个创意点子，通常你必须经历四个阶段，不过在少数情况下，会进行得快一点，通常需要很多时间。就算是天才的发明者，他们也常常需要多年时间，才能创造出重要的发明。他们尝试了上百次，这比脑子里那闪电般的思维要慢很多。这四个阶段如下：

1. **准备阶段。**你找一个自己想解决的问题，然后尽量搜集各种信息，并征询别人，你的大脑便开始密集搜索解决方案。

2. **比较阶段。**想一下，哪些人的创意能被你使用。保罗·赛门（Paul Simon）曾对他最出名的歌曲《恶水上的大桥》（Bridge over the Troubled Water）说过这种话：“在我脑子里，有两种不同的旋律，一个是来自巴哈的《合唱曲》，另一个是来自席维史东（Swan Silvertones）的《福音曲》（Gospel）——我把这两者融合在一起。”卡内基对于他的书《怎样赢得朋友》（How to Win Friends and Influence People）说道：“这本书里的创意并不是我的，我只是从苏格拉底、却斯特菲尔德（Chesterfield）和基督那里偷来的，然后再把这些想法融合在一本书里。”这本书的销量超过四千万册。

3. **孵育阶段。**你的大脑从早到晚在思索问题。它会比较各种解决办法，并从各种办法里取出有用的部分，然后确定各部分的成果，记录下来。渐渐的，一个大致的图像在你的脑中形成了。

4. **悟解阶段。**突然之间，出现了一个创意——从无到有。这创意可能来自一次散步，或者在你休息的时候。如果你是一个专家，那在发现新创意的时候，总会有张小纸片，让你立刻记下这个创意。

小小改变就是成功的差异

通常你只须在现有的基础上加上新的东西，有时只需要一些小小的改变，就能产生很大的效应。莱特（Wright）兄弟的飞机，就是这样从其他发明里“挪用”过来的。开始时，这架飞机并无法飞行，莱特兄弟最后发现，问题出在飞机的机翼上面，他们在机翼尾端加了一个特别的活板，终于让飞机飞了起来，而莱特兄弟也永垂青史（并且非常的富有）。

身为创意发明者的你，就像一位发明家：你找出一些很平常的东西，并集中精力继续发展。不要浪费时间在发明东西上面，也不要去寻找已经花了很长时间，还不能发现的事物。博多（William J. Broad）的调查公司发现，所有发明中的73%，都属于基础性的发明。

在贝尔（Alexander Graham Bell）发明电话前，一位叫莱斯（Johann Phipp Reis）的人，已经发现如何让机器透过电线来传递声音，但他没有想过用这个东西来传递语言。贝尔利用了莱斯的发明，最终发现，只要把一颗螺丝用力旋转四分之一，就可把交流电变成直流电。随着这个发明，贝尔一夕成名，也变得非常富有。

莱斯觉得自己的发明被偷了，于是告上法庭。除了一颗多用了点力气转动的螺丝，整部机器和他的发明一模一样，可是法庭驳回了莱斯的控诉，判决书现在读起来很有意思：“两个系统间的差异，和成功及失败间的差异是一样的。如果莱斯没有停止研发的话，也许会发现成功之路，但他停了下来，而失败了。贝尔继续了他的工作，并走向了成功。”

拿破仑.希尔（Napoleon Hill）在他的书《思考致富圣经》（Think and Grow Rich）中，把世界上最富有的人及他们的成功原则摘要出来，他写道：“穷光蛋往往认为，自己想出来的创意只会对自己有好处。”美国最富有的人之一山姆·沃尔顿（Sam Walton）表示：“我所有的创意，都是从竞争对手那里偷来的，然后再配合我的系统。”

超级点子

如何成为发展创意的专业人士：

◎ 记下问题，直到找出答案为止。

◎ 要习惯去注意使别人成功的各种新鲜和有趣的创意。

◎ 找到解决问题的方法，最简单的方式是：攫取别人的创意并加以改变。

◎ 成为一个创意的收藏者，做一个创意日记。

◎ 到你那个领域里最优秀的人那里，观察他们的创意：如果你是股市交易员，就去华尔街；如果你想要冲浪，就去夏威夷；如果你是钟表匠，就去瑞士。你要学着在他们那里找份工作。

◎ 想一下，在下面的方法中，哪一些能让你用在自己的创意上：

1. 你能更换一个创意中的一部分吗？

2. 你能把一些东西配合在一起吗（例如两个不同的创意）？

3. 你能改变转换什么东西吗？

4. 你能把创意运用在其他领域吗？

5. 你能改变什么吗？

◎ 要习惯在睡前想一下需要解决的问题。如果你这样下意识去做，那么在你睡觉的时候，也在收集解决方案。

◎ 总是带着一张纸在身上。

在本章最后，你将会看到来四个不同行业的例子：

成功定位例一：伊莎贝尔

当我在马约卡买了一栋房子后，我遇到了一个问题：我很讨厌买家具。如果要等整栋房子最后装潢好，可能要花上好几个月，这很残酷。但幸运的是，我碰到了一位这方面的专家：伊莎贝尔。她想向我提供服务时说道："你的时间很少，如果让你自己去为房子里的家具东奔西跑，又会让你嫌烦。你可能也不太懂得如何选购及搭配家具（一点都没错），而我能为你做所有的事。你只要花不到一天的时间，和我一起看看一些目录，告诉我你的喜好和要求：从第一张椅子，到一块窗帘。你要支付的钱，会比在商店里购买要少得多，而且我的服务是不收费的。"

我感到十分惊奇，而她所用的营销手法也相当正确：她有一张名单，上面全是一些满意的顾客，可以证明她的服务不收费用。我看了她所描绘的房子草图后，说道："好！"后来她做到了她承诺。我只花了一天的时间，而所付的费用，也比自己去店里购买便宜大约10%。她把我的房子布置得美轮美奂，所有的工作都在十个星期之内完成，而我也没有为她的服务付出一毛钱。

她的生意如何呢？非常好。在她怀孕时，由于必须把自己的家具店转卖给别人，因此这时她有了个主意：她为自己的顾客布置房子。她所花的只是买入价，因为她可从厂商那里直接进货，所以她可以给顾客比外面零售价低10%的价格。她藉此赚取差价，而且靠这笔钱生活得特别好。而她还可以为自己的顾客安排一切。

她做的是自己热爱的事：布置和购买。她可以自由安排自己的时间，可以照顾好孩子。这是多棒的解决办法啊！她一下就用了以上所提的十项基本原则，为她的公司成功定位。伊莎贝尔几乎没有其他开销，也没雇员，但她每个月可以赚到好几万美元。而且别忘了，她是一位带了两个孩子的年轻女人！请你计算一下：装潢房子会在短时间内花费几十万美元，甚至更多，而她从中赚了差不多一半。

成功定位例二：包沃

你知道李包沃（Lil Bow Wow）吗？也许不知道，因为你大概不是他的销售对象。包沃出道时才大概十四岁，但在短时间之内，已是位百万富翁（他的第一张单曲，销量超过两百万张）。为什么他能赚到这么多？他做的是自己热爱的事。他有不可置信的自信，并从他领域的顶尖专业人士那里学到很多,而且他是位天才型的定位专家。请你看一下,他怎么谈自己:

“最重要的事是，你要有自信。你必须相信自己，而且必须找出那些自己能做得很好的事。对于我来说是饶舌音乐（Rap），我六岁时就已经知道了。”

“当史努比狗狗（Snoop Doggy Dog）乐团到我的故乡演出时，我直接跳上舞台，和他们一起表演。之后我和他们演出了几次，我表演饶舌，关于和我差不多大的孩子的事，例如孩子和父母亲之间的问题。史努比狗狗很喜欢这方面的东西，他对我说：我们必须给你改个名字。好，现在你就叫包沃，这是个很酷的名字，受人尊敬。”

“吹牛夸大有助表演。只有一次，我遇到我的英雄麦可乔丹，我真的不再淘气。但那时候，我已经和超级巨星们在一起几年了，这次也是。我们现在还想一起拍部电影。”

你可以看到，这些跟同一个系统相似：

找到热爱的东西。

增强自信。

接近自己的典范，从他们那里学习。

训练自己。

无论有意或无意——这会通向成功，并获得高额收入。

成功定位例三：消防队员

第三个例子：让我从一个问题开始。你相信自己也能成为一名消防队员吗？还是认为大概很困难？假设你家楼下的一口油井起火了，你会打电话给谁？谁会来帮你灭火？当我在讲座上问到这个问题时，很多人立刻回答："亚戴尔（Red Adair）！"波斯湾战争发生时，海珊（Saddam Husseins）的军队离开科威特前，放火烧了无数油井。大家找来了最知名的灭火专家，专门扑灭油井失火，他的名字就是：亚戴尔。

这个人赚得不少，而他还能赚到很多。原因是：

他和其他的消防队员不同。

他出类拔萃，也相当杰出（因为他不断做事，并跟着自己的兴趣。）

他并不是第一位消防人员，却是第一位专门扑灭油田失火的人，而这是他所创立的新项目。

他的领域相当专精，且需要极大的勇气。他这样说："我不负责一般的失火，我只扑灭油田失火。"这也就是说：危机愈大，获利的可能性也就愈大。

他满足基础需求，并寻找最可能的操作方式。

他的销售对象很少（那些起火油田的主人），也因此他们都是富有的人。

他为别人真正解决了问题，没有比油田起火更急迫的事了。

在电视里可以看见他精采的灭火行动，根本不需自己去宣

传，别人已在为他做了。

当然，他可以决定自己的价格，而且他的顾客会迅速地接受（这种火焰，每一分钟都在燃烧财富。因此，人们乐意为那些专业人士付出特别多的费用，也不会长时间讨价还价）。

研究成功定位的人士，从中找出策略。分析报纸上常见的成功企业家、媒体明星和专业人士，找出你能认同的特质。之后，就是让你的思维不停运转。

成功定位例四：保险专家

当然，要一下子做到这十项定位基本原则并不容易。有些行业做起来尤其困难，但你绝对不要放弃。就算是在最后一个例子的保险业中，也可以找到专家。

不知道你是否注意过，我们的生活中有多少“保险专家”，根本不是专业人士？面对不断涌现的销售策略，他们必须好好考虑如何定位自己了。你要想到这一点：销售者必须自己推销，而专业人士是别人主动来找他们。当定位专家在帮助一位保险推销员时，这位推销员强调自己对这个工作没有特别的兴趣，而且也没天赋。他说：“我是相当普通的人，没什么特别之处。”想要为这种人找出定位方向，并不太容易。

这位专业人士问了他一些问题：

有无特别的成功经验？没有。

是否经历过恐怖的灾难？也没有。

确切的人生目标？没有。

特殊爱好？没有。

有特别的朋友或亲戚？没有。

你认识的所有人都是普通人吗？是的。

突然，保险推销员说道：“我的姑姑，她是个瞎子。”他兴奋地谈着自己的姑姑，显然和姑姑的关系很亲密。这位专业人士打开了一扇感情上的门。推销员在热情讲述有关自己的姑姑每天所遇到的困难和问题时，对有件事特别生气：盲人支付的保险费用，比正常的人要高得多。保险公司说，这是应该多付的，因为他们的危险性比别人高。但盲人所遇到的事故要比别人少，这是相当清楚的事。他认为这是一项极不公平的待遇。

在谈话中，一项创意点子出现了：这位推销员要帮助那些盲人，让他们能尽可能为自己购买公平的保险。他研究并找出几家不仅不收手续费，且保证减价的保险公司。此外，他还特地了解盲人的特殊需求和困难。

因此他找到了自己的定位方式，但他还没成为一名专业人士。你可以回想：专业人士知道如何从自己的专业领域里获得财富。因此他必须谈自己的定位，必须让别人注意到他；在舆论中的知名度，就可以决定定位的价值。这位推销者要如何让盲人们注意到自己呢？这就需要藉由媒体向盲人提供信息。当他向编辑部询问时，惊喜地发现：他们很乐意有位新的专栏作家。在合适的杂志里得到一个专栏一点也不困难，就这样，他成了一位知名的盲人保险专家。短短几年内，在他的领域里，他就为超过两万名盲人提供了保险。

想要明白这个成功的例子很简单：如果你是位盲人，你就更愿意向一位了解你的困难，并且能提供最佳解决方案的人买保险。而且事实上，这比其他的竞争者还要便宜。当然，这个人从自己杰出的想法中，赚取了很多财富。而且他第一次觉得，自己在做一件很有意义的事。他在工作中感到无比快乐，而顾客也对他非常满意。

专业化决定了一切

我们每个人都不一样，生活环境也各不相同。但如果我们想要赚得更多，并感到充实，那么以下特定的基本原则和游戏规则，都能适用在我们身上：

1. 找出让你感到快乐，符合你的天赋，且让你与众不同的事。

2. 了解你的动机，尽可能发展出一个生活愿景。

3. 如果你是薪水阶级，就该考虑：你是想将自己定位为员工，还是想要成为自由业者？两者都有可能，但你要做出决定（这是你每隔几年就要考虑的问题）。

4. 注意新的规则（第三章）和十五项高收入的基本原则（第七章）。找出一条明确的路，不断重复这些方针，让它们逐渐成为你生活的一部分。

5. 根据本章的十项基本原则，每天花点时间来寻找你的定位。

6. 每天至少花一个小时训练自己。

超级点子

每日训练自己：

◎ 空出一段时间来思索自己的定位。

◎ 如果你是认真的，就每天至少一个小时。这一个小时会在三年到五年后给你带来大部分的财富。

◎ 读营销方面的书籍。最少每月一本。有关营销方面的书籍，你可在我们的网址 www.finwis media.de 免费获取我的推荐书单。

◎ 做一张关于成功营销的调查名单。

◎ 读成功人士的传记，研究公众生活中的这些人，分析他们的定位策略。想想自己可以从中找到什么东西，用在自己的情况中。

◎ 每天思考本书里的十条定位基本原则中的一条。

◎ 做本问题目录，会帮助你思考，而且你会藉由回答问题，获得许多新的创意（你可参考附录三中的问题，我也是根据这些问题来工作。）

◎ 每一年多空出几天自由时间，思索你的定位。

◎ 和营销及定位方面的专家见面。

不专业的工人和专业人士形成了对比强烈，且可有可无。一家公司告诉他们：“我们有份工作给你，而且我们只付这么多钱，至于你要不要这份工作，那是你的事。”你需要将自己定位为专业人士，这样你才可以自己决定工作的价值。在信息时代，专业化决定了一切，如果你想要享受这个时代的优点，那就只能成为一名专业人士。

第十章
企业家的性格特质

失去小的世界，是为了征服大的世界。

在许多人眼里，企业家最命好。他们拥有许多优势，没有人能像他们那样有权又有影响力，能照着自己的愿望塑造生活。但在此，我必须说明这种观点的局限之处：

第一个局限：不是每个人都能成为成功的企业家。虽然“积极思考”的拥护者常常认为，每个人都能学习所有的东西，也都能达成目标，但我的经验却告诉了我一些不同的事：很多企业家并不幸福，也称不上成功。身为企业家，你必须要有独特的性格，这点我们将会马上谈及。之后，你还将得到一些建议，知道企业家该担负哪些责任，你也可以学习如何成功地履行这些责任。但至少要在你已经拥有大部分的个性特质下，才能成功。

我的建议是，如果你已经是位企业家、独立的自由业者，或你有成立公司的想法，那么你需要仔细阅读这一章。而且，就算你是在企业内工作，对于你在思考自己的目标时，也有很大的帮助。

第二个局限：只有当你像成功的企业家那样去做时，才能够享受身为企业家的优势，但这正好是99%的企业家所没有做到的。许多自称为企业家的人，并没有真正说出事实：

他们的所作所为，和薪水阶级、自由业者及专家没有两样。我认识的某个人，他总强调："我是自主的。就像字面上的意义，一位独立的自由业者应该自己工作。"这完全是在胡扯，这种观点套用的是哪一种逻辑？

但我必须先了解一项事实：当我建立第一家公司时，对我来说，当然要比其他人都更加辛苦工作。终于，这家公司属于我了。那时候我才必须开始学习如何分清楚企业家和员工之间的区别。学习意味着要能判断，在自己公司里工作的人，就是一位员工，只不过他是在为自己的公司工作，但也是在为他能找到的最严厉雇主工作——他自己。这也就很清楚地说明了，很多独立创业者其实工作的时间比员工更长，同时也更辛苦。

不要在企业里工作

你必须做个重要决定，你真的想成为一名企业家？还是当个员工？请你考虑一下我们的星形图表：企业家位于图表的左侧，上班族位于图表的右侧。你真正适合的工作是属于哪一个领域？

事实上，大部分的企业家都是员工，只是同时在做企业家的工作而已。但这是很困难的，因为两者之间有太多不同之处，包括他们的工作角色、期待的结果和思考方式。在第四章我们已经说过，你不能，也不应该去试着两者兼顾，你必须作选择。在你读完了本章之后，将能做出最终决定。在开始前，请你想一想：如果你决定要把企业家与员工两者纳于一身，那么肯定会发生以下三种情况：第一，你不能正确地完成这两者的工作。第二，辛苦工作的企业家将有很多年无法去旅行，也常常整个周末都在工作。第三，你无法获得该有的成功，只能做到让自己继续生存而已。因此，欢迎你来到仓鼠笼。

身为企业家的你，不应该在企业里工作，而应该为了企业而工作。只要你在公司里工作，你就永远无法成功地和公司一同存在，也不可能像为了企业而工作那样赚到更多，且有更好的生活质量。

没有体系就没有自由

自由业者常会发现自己在一个糟糕的仓鼠笼里，所有事情都得自己来。他们就是那个体系，而且无法替代；他们愈成功，体系就会愈大，所以负担也会愈来愈重。

解决方案很简单：你去创造一个体系，让自己成为企业家，并聘请专家来打理。成功的企业家总有最后的绝招，他懂得复制自己的能力。这句话的意思是，他们为自己创建一个体系，并利用这个体系来取得绝佳的成果。这样一来，他们一方面能有多余的时间，一方面能开设分行或成为加盟业主。如果复制成功了，他们就自由了；自由了以后，就可以做自己最擅长和最喜欢的事。在这里也是如此，如果你能做自己最擅长和最喜欢的事，却无法真正帮助自己的公司，那么你也就没有真正上轨道。

现在让我们回到创造体系这点上，一个真正成功的体系，是不需要你也可正常运转的。也许你马上会说："这不是我做得到的。"我的看法是，这也许很难，但并非不可能。关于自由业者的例子有很多，例如医生、律师、建筑师等，他们之所以成功，是因为他们成了企业家。

看一下图 10–1 会有帮助。如果所有的自由业者都在自己的公司里工作，并且完成四个领域的各项工作，他们就把上班族、自由业者、专家和企业家合为一体了。我们可以把他们称作受雇的自由业者/专家/企业家的全才工作体。而且，自由业者的平均寿命要比在其他领域的人短很多。

图 10–1

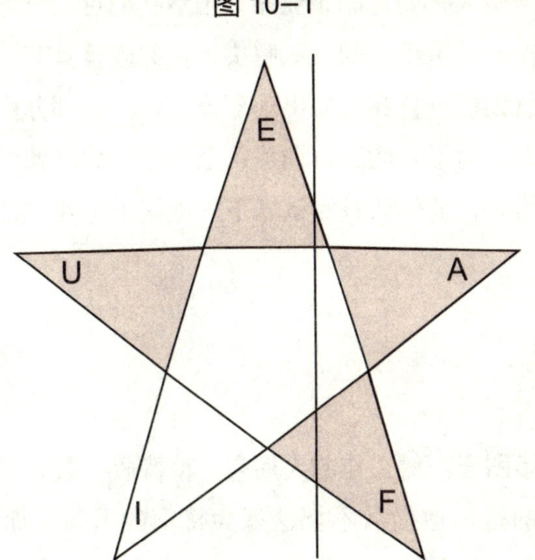

受雇的自由业者—专家—企业家—全才的工作者

试想一下：只要你的公司没有体系、没有你就不能运转，那么你将永远无法休息。如果你不能创造一个体系，就得靠自己的劳力来承担。而且，如果你是体系的一部分，也就不符合我所说的关于快乐的条件。如果你是独立的自由业者，你就应该严肃地思考，成为企业家之后，自己是否愿意失去更多的生活质量；或者如果你喜欢一个人做事，也可以考虑以专家的身份工作。

企业家六大性格特质

不是每个人都是好的企业家，虽然我们可以学习去了解最重要的工作，并用正确的方法解决，但你应该具有一定程度的特质。当然你也可自我发展出一部分，但其余部分则需要付出大量的努力，为了要能进行训练，至少在开始时就必须拥有一些基础。因此，请你认真测试以下六项属于企业家性格的前提条件：

特质一：敢冒风险

在星形图表左侧工作的人拥有一种特质：敢冒风险。

有趣的是，他们从不把这视为特别的风险，而只是依照该做的去做。我们每个人都曾经是个孩童，那时候，冒险对我们来说是件再简单不过的事。我们可以去学习、去研究；我们曾经全神贯注，拥有快乐，而且从不放弃。企业家保有这种心态，把风险当作生活中的正常情况对待。请你问一问自己：对你来说，风险是否是一件你不喜欢的事？或者是你生活中的一部分？

如果一个人害怕危险，那就应该问自己是否真的想成为企业家。如果他回答：是的。那就要做好准备，因为今后的路将不太好走。你可以经过周密的考虑，小步前进，也能藉此达到几乎所有目标，但你却不能这样去创建一家企业，而且也无法做出巨大的改变。为此，你需要的是勇气，敢于大步跳跃。在星形图表里，横跨在企业家与其他的领域间的，是一条巨大的鸿沟——你无法凭借多次的小跳跃，就跨得过去。对于决断力，美国作家沃夫（Tom Wolfe）曾描述过两种性格。其中一种格言是：“注意，开火，瞄准。”而另一种格言却完全不同：“注意，瞄准，瞄准，瞄准……。”

基本上，我只能建议你慢慢地喜欢上风险。古罗马诗人泰西图斯（Publius Cornelius Tacitus）已经知道：“需求安定，就不会有重要的大型企业出现。”你不能只抱着不要失败的想法，去玩这场游戏；你加入了这场游戏，就是为了获胜。这两种不同心态作出的选择，将会决定贫穷与富裕，决定一种充满冒险和美丽的生活，或是一种带着恐惧与不安的边缘化生活。

大部分的人都在寻找安全感，然而却不知道怎样才能找到。只有学会正确评估风险，并敢冒风险的人，最终才能找到安定。寻找安定、躲避风险的人，找到的只是恐惧和害怕。这样的世界将会愈来愈小，到了最后，连一个小问题对他来说，也会是一场灾难。不久前，我与一位年长的女士交谈过，依我看，她过的是一种特别无聊的生活。“无聊？”她喊道：“那你应该来体验一下我的痛苦和恐惧。”从中我可以知道，就是这样一种逃避生命中风险的人，他们的奋斗才会特别艰难。担心是一种巧妙的诀窍：这样才会把单调无聊的生活变得有趣，并且多姿多彩，但大家却以这种方式欺骗自己。

我们所遇到的恐惧和挫折，最终会带来我们害怕的东西。如果没有这么多人因为失望而停止奋斗，那么这个世界上将会有许多成功的企业家。歌德说过：“在无畏中，有天才、权力

和魔力。”一位企业家需要的安全感愈少，他创造的成功也就愈大。

特质二：能承受失败

身为企业家，他应该对拒绝、挫折和失望感到麻木。企业家知道，拒绝必然是生活的固定成分，如果没有这种思维，多数人就会在听到“不”的回答后，便不再去做更多尝试。不断尝试能摆脱麻烦，获得美妙的成功。很多人常常回避别人的拒绝，只因害怕丢了面子，这是一件听来让人难以置信的事。成功要比被误解的“尊严”更为重要。

身为一位企业家，你也可以原谅自己的错误，然而严重的错误有时会带你走向成功。例如，对于德国人来说，破产是声名狼籍的事，可是在美国却正好相反，他们有这样一句格言：只要是好的企业，几乎在过去都曾破产过。在这里，破产被看成是赢得经验的证明，是一种附加的学习方式。如果没有这种观点，那么你要成为独立开业者，就会比较困难。在新成立的企业中，前五年里，十家有九家会破产，就算那些在五年后继续生存下来的企业，在随后的五年内，破产率也再次高达90%。现在有个重要问题：你是把挫折看成一场在未来需要承担的赌注？还是一次投资——一次能让你在未来变得更好的经验？

有人说，你一定不能用一辈子去偿还一个错误，否则你在未来只会缩进自己的蜗牛壳里。然而情况正好相反，经历过失败，你已经学会很多，现在你可以成功地向前走。如果有人说："这种事情我绝对不会再试一次。"那我就会知道，这个人停止了学习，失望把他的脚步紧紧束缚住了。不要忘记：只有在我们觉得失败可怕的时候，它才会真的变得可怕。

也许你会问："那我永远都不能感到失望吗？"当然，每个人在得到难受的结果后都会失望，但关键在于：失望的心情会持续多久？成功的企业家能把这段时间缩短，并很快就能把失望当成对未来的投资。为什么这种性格如此重要，原因是：获得毅力。如果一个人不能承受失望，他很快就会放弃。然而，如果一个人能从中学习，持续朝自己的目标前进，那么他就能获得成功。

特质三：热爱问题，并需要权力与自信

如果我强调企业家热爱问题，也许你会认为我太夸大其辞。但的确如此，因为一家公司的建立，就是把所有问题都集合在一起。问问自己，对你来说，问题是否是个受欢迎的游戏？如果一个人的生命里从没有出现过问题，他就永远不应该建立或经营一家公司。如果下次电话铃响了，你有了一个严重的问题，你可以说："太好了！现在我可以学习，也可以证明我自己。事情终于变得有意思起来，终于有好机会，可以让我改善公司。"要知道，问题是我们生活中的调味料。

有些人不是特别愿意担负责任，他们宁愿去完成任务。企业家完全不同，他们寻找权力，想要实践自己的想法。其中的

差别很容易理解：一个人是买票进场玩游戏，另一个人则是发明游戏、创造规则，并卖门票。如果你不去主导自己的生命，那么别人就会来导演你的生命。企业家不会人云亦云，而是有自我的主张。他们不想，也不必让别人一定喜欢他们的世界，而这也正好是他们的力量所在。

此外，企业家也须拥有自信。自信是可以学习的，但如果要学习它，你就要有纪律。例如，做一本“成功日记”，每天记下五件你成功完成的事。身为企业家，你必须相信自己所有的能力。我曾无数次为某些企业家提供建议，然后对方说：“我不相信我能做这件事。”很可惜，我的建议对这些人毫无价值，因为他们要的不是新策略，而是要相信自己有能力。

特质四：成为典范，并学习处理金钱

没有其他东西能像你的生活典范，深深烙印在你的企业中。对一位经理人来说，如果他成功完成了自己的工作，那他就会感到满意。然而企业家却不然：你的表现如何，你的企业也就有同样的表现。你的企业永远不会达到你所想，或像一个你所希望的人一样，而往往只会反映出你的个人面貌。原因很简单：你只吸引和你趣味相投的人，做不到这点的人，很快就会离开你的公司。这样一来，你的企业会愈来愈像是你个人性格的倒影。

成功的企业家不仅做事的方法与别人不同，他们本身也与别人不一样。结果是：只有出类拔萃的人，才能够创建一家出类拔萃的企业；伟大的企业家也总是拥有伟大的个人特质。在你改变自己的公司前，你必须先改变自己。问问自己：如果你的性格特征在你的企业里表露无遗——这是件好事吗？

有个迫切的建议是，在你还没有学会如何处理金钱之前，一定不要创建公司。你私人的财产将会快速流入你的企业去。一些大公司的创建者，小气到令人难以置信，当然，也有一些相当慷慨大方的企业家。但他们都有一个共同点，那就是他们知道要增加私人的财产，因此不会把所有的财富，都投入到公司长期的营运中。

特质五：想要胜利，并渴望知识

萧伯纳说过："普通人适应这个世界，疯狂的人试着让世界来适应自己，所以我们所有的进步都是依赖疯狂的人。"企业家想要在市场占有率、金钱、权力上获得胜利，不畏惧冲突。他们想要在自己的环境里烙下印记，而且确信这样让一切更好，所有的事务都是一场他们想要获胜的大型游戏。

一旦你不断成功成长，那么其他的人和公司就将对你宣战，无论你是否愿意。你必须学会不去在意这些人，但有一点你必须做到，就像一位成功的企业家那样：战胜。

学校教育让我们成为医生、税务顾问、法官、教师等，可是为什么没有针对企业家的教育课程呢？这并不只是没有一门确定的学科，甚至连一套针对企业家该完成的任务而制定的有效理论都没有。所以，企业家应拥有好奇心和对知识绝不放弃

的性格特质。

目前为止，还没有一条可以让一家企业永远成功的定律。除此之外，你应该每天都要做好学习的准备。社会经验深受欢迎，你必须迎向知识，所有你需要的信息都要搜集并深入体会。但知识是个无底债务，你绝不能等所需信息自动来到你面前。信息时代的规则很简单：只要你一直学习，就可以成功。企业家是满怀热情的学习者，因为生命对他们来说，就是不断地学习。

特质六：拥有企业家直觉

有些人非常聪明，也能完成杰出的工作，但不一定适合当个企业家，因为他们还缺少一些企业家所应具备的判断能力：对于机会和危险的直觉。表面上看来，大家都会说："你只是没有运气。"但这其实是取决于一种能力、一种特殊的天赋：企业家直觉。这在所有成功的企业家身上都可发现，他们总是会正好察觉到一个很好的机会。

美国石油巨子盖提（J. Paul Getty）说过："你要早一点起床，努力工作，然后你就会找到油。"油就是快乐和直觉。成功的企业家学会依赖自己的"鼻子"，而且他们做的很快，不会试着去解释，也多半无法解释。

超级点子

现在测试一下你的企业家个性前提条件有多少？你可以直接给每项个性评分，从零分（完全没有）到十分（有非常强的能力）。

1. 你敢冒风险吗？
2. 你能承受得了失望吗？
3. 你热爱问题吗？
4. 你想要拥有权力吗？
5. 你有很强的自信吗？
6. 你是个很好的典范吗？
7. 你能处理金钱吗？
8. 你想要获胜吗？
9. 你强烈渴望知识吗？
10. 你具有企业家的直觉吗？

请你把自己的分数加在一起：______分

最好的是九十到一百分，但不应少于七十分。你当然可以发展自己的某项个性：而且理所当然应该这样去做，但你最好要在自己创建一家公司之前去做。

为自己找位师父

想要扩充这种性格特质，有两条路可走：首先，你可以找位师父——一名能完全展现这些性格的成功企业家。和这类人建立密切关连，会获益无穷。其次，你可以考虑兼差去当销售人员，许多企业家以这种方法累积出经验。我自己在大学时曾于财务销售部门工作，藉由这份工作，我学到了纪律、耐力和工作方法，以及下述六项东西：

金钱的处理方式。

销售能力。

领导能力。

发展自信。

如何对待失望、拒绝和问题。

不受他人意见之影响。

我十分确信，锻炼这十项特质是相当值得的事，否则你要如何去发现自己的能力？关于这个主题，有则令人感动的故事。

一个女人在路边捡到一颗蛋，她把蛋放在自己养的鸭子窝里，蛋孵化之后，小东西起先看起来很像鸭子。但在它长大后，差异就愈来愈明显了：这个小东西是只小老鹰，但它自己却不知道。它很自然接受了周围鸭子的所有习惯，过着鸭子的生活。许多年后它长大，变成了灰色，看到天空中一只威武的老鹰。"我真想象它那样飞翔"，小东西叹着气说："像这样一只强壮的鸟，生命多么美好！但可惜那不是我能过的生活。"这只老鹰就像鸭子一样地生活，直到死去。它从来不知道，自己实际上是只老鹰。

企业家的六大任务

你是一位企业家吗？如果是，那你了解企业家最重要的六项任务吗？大部分和我交谈过的企业家，都无法回答这个问题，但这个答案却对企业的成功，具有相当重要的意义。我的师父告诉我："如果你不了解自己的任务，又如何能去解决企业内的问题？"

有六项任务，决定了成功和失败。如果你成为这六种领域中的大师，就能感受到飞跃的状态：不仅对你的收入，也和你

的生活质量有关。这六项任务不太容易，就算成功的企业家往往也无法完美达成。但如果你能持续不断学习和发展，你会愈来愈成功；就算犯了错，你也应该视之为对未来的投资。让我们复习一下，你绝对不该做的，就是别让自己成为体系，你不能像员工那样在自己的公司里工作，也不能在自己的公司里当个专家。只要你在自己的公司里，像员工、自由业者或专家那样工作，你就永远找不出足够的时间，完成你身为企业家要完成的任务。一家公司需要员工、自由业者和专家，但也需要一位企业家，而这必须由你来担当。

超级点子

你要明快地决定，自己是否不想完全脱离日常业务。在完成这六个企业家的任务后，身为企业家的你，将有助于自己公司的发展。如果你想完成以下的任务，很快就会明白四件事：

第一，如果一位企业家不能达到这六点要求，他不会获得真正的成功。

第二，这些任务是种全天性的工作，你不能顺带处理。这是不可能的。

第三，如果你过度工作，将不能完美地完成这些任务。只有在充分的休息后，你才能够得到最佳的创意和知识。

第四，你只能自己完成这些任务。所有你没有亲自做的事情，也不会被完成。

原因很简单：员工、自由业者和专家可以由你来安置，但企业家的任务却必须由你自己来完成。除了你之外，没人能成为企业的中心，这六项任务如下所述：

任务一：找到好的同事和伙伴

我的第二位师父在八年内，建立一家资产逾数亿美元的公司。他是如何做到的？他说："我成功，是因为我从来不做自己不该做的事。我一开始就对两件事负责：OP 和 OPM。"

OP 是指别人（Other People），也就是同事和伙伴。一位企业家必须能吸引人才，而这些人也钦佩他的计划，如果你不能找到合适的人，就必须自己去做。如果你自己愿意，那完全没问题，但你就不是典型的企业家，而你也可能会过度劳累。

美国在线（AOL）的创始人凯斯（Steve Case）说："创造一家重要企业的唯一途径，在于做到你去主导，而不是亲自去执行。"这是身为企业家以及企业领导者的关键。当我听到问题时，我必须问自己：这真的需要我亲自解决吗？但答案几乎都是：不是。

问自己两个重要问题：

你正在修建一条管道，还是吃力地拖着桶子？

你每天的工作是什么？

你要知道，我们不再生活在劳力主导的工业时代里。在信

息时代，我们靠着自己的创意来工作。身为企业家，你首先要是个创意工厂，为了让你的创意源源不绝，你就需要找到适合的人来转换这些创意。我常听到这种异议："是啊，如果这件事真有这么容易就好了，我已花了好长的时间在找合适的人。"我的回答基本上是："你在说谎，你根本没有在寻找，你一直在这些人的位置上工作，只偶尔找一下他们而已，两者完全不同。"

好的伙伴很难找到。如果你只是"顺带"去找，那你只能在走运时，才能发现他们。但这些人多半已被其他纯正的企业家给挖走了，因为他们花了许多时间在定期寻找O P 。

和找OP十分有关的，是找OPM（Other Peoples Money），也就是别人的钱。特别是决定透过外来资本，迅速发展企业的企业家，就必须花上许多时间来找钱。当然，每一种外来资本的挹注方式，都有严重的缺陷。你要仔细考虑，是否真的需要外来资本，以及是否准备好去承担结果，但如果你已经决定好，那就必须花许多时间来找钱。

你应该先开始找一位合适的经理。重点是"合适"，在这点上，你绝不能妥协。你当然可以训练或辅导其他人，但一位经理必须先能证明他有合适的能力。在斐济（Fidji）有这样的格言："不要试着教猪唱歌，你只会浪费自己的时间，并让猪生气。"

但最重要的，你绝不该让自己成为公司的经理，经理应是位受雇的管理人才。如果你接下经理的工作，你就会没有时间当企业家。经理会专注在电话、租约、邮政信箱、员工合约、故障的复印机（总是故障）、查核员工等工作上，这会对企业家造成反效果。我自己有几次成了经理，但我已从这些错误中学到教训。今天，如果我没找到合适的经理，就不会去创建企业。原因是，我不愿意像员工一样地工作，这不符合我的能力。

我认识一些经理，他们对自己的工作有高度热情，也有天赋，当然能比我更加轻易地解决这些事。这些人不会是好企业家，但他们是相当优秀的员工。当他们和我一起工作时，我会为这段合作关系感到快乐，因为我们出色地互补不足。每个人都做着符合自己能力和兴趣的事，我为他们感到十分自豪。

但我为自己选择了星形图表里的其他领域：我想写书、演讲和当企业家。这符合我的爱好及天赋。我现在入股了八家企业，如果我只为公司的日常琐事所困，我又如何能够好好经营公司？而且，由于我和经理的业务无关，我才能对自己的工作感到愉快。以前我每天早晨都会问自己："什么是我不太喜欢的？"我会优先处理掉这些事情，这是个好方法。现在我也问自己同样的问题，好接着委托别人处理，这是一个更好的方法。

如果我不在公司里工作，我就有足够的时间去找合适的同事。如果今天有人问我，如何有这么多时间，我会指出其中一项重要的前提：我没有为日常业务所困。

我如何找到好的伙伴和同事？很简单，我有个朋友、同事和专家的超大人脉网络。我和他们交谈，从每一次谈话中，我都学到一些东西，并提到我正在寻找某种特定的工作伙伴。当我任意去寻找时，往往比专心去找更成功。例如，我会突然有个有助于公司的好点子。先找到经理会带来许多优点，例如，

他可以负责寻找其他大部分同事，而且也能从事两项经理最重要的工作：获取利润和创造体系。企业家只需查核最后的结果，这样就来到了第二项任务。

任务二：查核是否获得利润，或创造了体系

看到“查核”这个字，就可清楚看出经理和企业家不是同一人的另一个优点。没有查核，在处理急事时，就常会忽略重要的东西。

很多人都说要安插经理，但你也必须查核他；如果不查核，会导致散漫、无能和滥用的情况。对于监督查核，我还有另一个看法：如果你不查核，你的同事和伙伴，也就不会创造出最好的工作成绩。只有你不断要求，才会让愿意工作的员工发挥全力。

大家做的并不是我们所期待的事，而是我们查核的事。美国诗人埃默森说过：“很多人的悲剧在于没有人要求他们跨过局限。”如果你以让人感到舒服的方式去查核，你的查核会被别人乐于接受，胜利者会想受到查核，但你不该成为查核机器的奴隶。

你只要定期查核盈利，以及查核是否创造了体系，这是两项最重要的任务，其他的则可以偶尔为之。经验告诉我，如果没有查核，那两项最重要的任务就不会完成，或者只是差强人意。我们现在个别研究一下这两点：

1. 盈利目标未受充分重视。请不要忘记，每个企业都有个目标，而一家企业最重要的目标就是创造利润。只要利润本身不是目标，而只是达成目标的方式，在道德上就无可非议。两者之间有个重要的区别：需求不是目标。为了生存，我们必须吃东西，但如果我们生存的目标，只是为了吃东西，那么在许多方面就扭曲了我们自己。利润只是达成其他目标的一个方法。

当然，我们必须把注意力放在企业、员工和顾客身上。但如果没有获得利润，也就没有储备金，就无法进行其他投资；没有利润，企业会面临倒闭。所以，盈利不是目标，而是担保企业体质健康的方法。但是，还是有很多公司无法取得足够盈利，有以下七个原因：

首先是因为“马虎”：一直都有弄不清自己数目的商人。特别是公司业务不佳时，他们也就不愿去看自己的账务。很多人以为逃离现实，就可以不再去想，然而每家企业都必须不断查核自己是否获利或亏损。

营业额和利润常被混淆。大家多半只专注不断创造新的营业额，却没有考虑要节省开销。如果只注意营业额，就一定会跌入谷底；一味追求营业额，会导致产品过度多样化，带来不重要的顾客及高度复杂性。

省下来的一美元，往往和销售所得的十美元一样有价值。可是经理总是在确定完成指标后，才会特别节省，因为他淹没在日常业务中，容易相信一切都是“必需”的。企业家只需注

意重要的事，也就是利润率是否达成。

对于“复杂并不一定好”这条规律，缺乏深切的了解。成功的企业家避开复杂，偏爱简单。没有什么比一家结构庞杂的公司，更浪费金钱了。

可能的利润太低。重视顾客很重要，但是他们支付的金额也必须高于成本的一定比率，这项简单的事实常被忽略。这么做很危险，因为你需要的资金总是比你所想的要多，所以你需要一个固定的利润，绝不能过低。我知道建立储备金、聘用好的顾问、新的投资、支付好的薪水、建立入股模式等的重要性，因此我不会成立一家无法获取超过百分之百利润的公司。

没有预算计划，这多半又和两点有关。首先，有些经理觉得自己不是精打细算的人。我的师父说：“见鬼了，他们在想什么，如果他们不会计算，那他们还能做什么？”如果懂得预算计划的力量，就会爱上数字。其次，很多人不了解预算计划的重要性，这是十分有效的目标计划工具，也是你公司中最好的查核和沟通工具。

各种营业模式愈相同，获得盈利的机会就愈小。只有少数模式能和竞争者明显区隔，这是之前所提的定位原则；如果你和其他供应者不能有清楚的区隔，价格战就在所难免。只有你与众不同时，你才能决定价格。洛克菲勒说过：“许多人倾向将钱和时间投入到互相竞争的公司中，这或许是通往进步与快乐之途的最大障碍。”

身为企业家，你必须要注意获利；如果你不查核利润，那就得不到任何利润。

2. 创造体系往往未受充分重视。对于这一点，我也常问自己。我相信主要有四个原因：

只要一切相安无事，经理们就觉得自己重要，且不可替代。很多经理虽然一直抱怨身边全是一些无能的人，没了自己，公司就无法运作，但他们却忘了自己的任务就在于找到好的员工。这些经理除了抱怨外，就只对这种混乱情况袖手旁观。

很多经理并未积极寻找通往简单的途径，而是只把部分创意和流程标准化，当面临复杂的企业结构时，这种简单的体系就无法适用。

工作过程没被体系化。只要没做到这点，新的员工便难以整合进来。清楚的任务说明几乎不可能，也几乎无法进行查核。在体系不能被创造出来的情况下，其他更急迫的事又会一直不断重复出现。我们每个人都曾经历过突发状况，而这决定了你的一天的情况，但不该形成一种习惯，特别是经理人士更需要学习最佳的时间管理。

没有注意到创造体系的必要性。当然，你并不是必须创造一个体系，但如果你不去做，将永远无法获得真正的事业成功。重要的是，你要自觉地做出决定：你是否想要获得企业上的成功？如果答案是肯定的，那就必须清楚知道如何达到。因此你就会同意：

对于短期的成功，你必须查核利润；对于长期的成功，你必须创造出一个体系。

只有在你创造出一个体系，才能加强好的创意，也只有在你加强了创意，才能获致成功。这公式非常简单：你愈能加强创意，企业的成功机会也就愈大。你应该现在开始让创意加倍。

许多人有很好的创意，但如果不能让企业里的员工清楚明白这些创意，那么这些创意也就毫无价值，所以你必须用简单的元素创造一个体系。只要公司里的人对这体系愈了解，对你的依赖也就愈少。现在你将看到一份能够建立，而大半时候也应建立的体系名单：

产品发展。

清点存货。

办公室例行公事、办公用品、计算机体系。

开发客户。

顾客服务、资料整理。

诉讼处理。

会计、账单及催款。

营销、公关、广告。

人事招聘及培训。

B2B 的合作 。

开销及日常查核。

你要建立一个标准执行程序手册（SOP），巨细靡遗地记录并描述各项工作流程。这个 SOP 手册是所有体系的文字形式，且优点难以计算，我们只提几点：让你轻易地训练新进员工、让你相当轻松开设新公司，而且是员工查核和判断的基础。

完成 SOP 手册是经理的工作，而身为企业家的你，则去查核这个手册是否确实运作。这样你才能搭建管道，而其他人则拖着桶子。

任务三：为你的公司创新

如果你有了成功的体系，那么不久后，你就会被竞争者包围。很快地，他们当中就会有人发展出更好的策略，让你的策略落伍，并抢走你的顾客。在这发生之前，身为企业家的你应该超越自己，比你的竞争对手更快发展出新的策略。

每位企业家都不该低估这一点，否则被市场淘汰的速度，会比自己想象还要快。今天的愿景，很快会成为明日的思想束缚。比尔盖兹说："微软离失败一直只有两年的距离。"身为企业家的你，必须注意这一点，而这是一位经理做不到的。如果你的注意力一直放在旧有的思维上，就不可能创造出新的模式，这位经理必须让体系正常运转，否则怎么同时又创造出新的体系？你要知道，未来不能只比过去稍好一点。

注意：我在这里谈的不是改善，也不是不断学习、发展和持续发展。这些都很重要，却不是你的经理所能做和必须做的。由于他陷在日常业务中，在这里，他做得甚至比你更好。但身为企业家的第三项任务，并不是一步步的改善，你的任务是变革及创新。因此你不能从过去汲取经验，也不能在过去中找到未来。

改善与创新的区别甚大：

改善注意现有的；创新面对未来。

改善根据事实和经验；创新是假设和愿景。

改善是实际和扎实的；创新可以幻想、可以无边无际。

改善多半意味着相同的东西－以稍微好一点的方式；

创新追求所有未来的机会和选择。

在目前运作良好的体系进行改变，听起来几乎是疯狂的，但创新的关键时机，就在成功的曲线还未平缓下来之前。你可以估计出一个大约的时间，两到三年内在许多领域中替代你的旧策略。你必须考虑的是，你不该太晚离开过去的成功策略，但也不能太早放弃，因为旧的成功策略仍不断在提供你革新[illegible]资源。

成功的企业家不能自鸣得意，因为一个人如果只看到成功，就不会继续专注，而会变得懒惰马虎。你应该把成功当成跳板，而不是领奖台。成功的企业家总在不停创新，尽管得和自己过去的策略持续竞相比较，但他们知道，与其等到竞争者来做，不如自己动手。企业家是革新者。

革新者的四个角色

身为革新者，你的任务并不只在想出新的体系，这并不够。一位革新者必须扮演四个角色。

1. 发现者。这是你寻找材料、产生新创意的角色。重要的是，你需要不断地在小径之外寻找，勇敢登上未知的土地。

2. 发明者。你的第二个工作是把你发现的材料综合起来，产生原创的新意。现在需要是的创造性和想象力。你可以改变想法、剔除东西、比较不同的元素，接着改变并执行（第九章有如何让自己更具创造性的点子，这对革新者的前两个角色相当重要）。

3. 决定者。现在你需要进行理性判断，如何运用、改变或丢弃自己的创意。你评估实际情况、拿捏时间、估算风险和机会，最后做出稳固的判断。

4. 实现者。最后你要实现你的创意，这也是必需的。你往往要克服来自公司内部的阻力，因为你的创意可能会和既成的策略和习惯抵触，所以你可能必须自己去实现一个新的创意，为之战斗。

重要的是，你不能只停留在个别的角色里，你必须轮流扮演所有的角色。如果你一直停在发现者的角色，你将永远不能把所有元素组成新的策略（理论家）；如果你在发明者的角色里待得太久，那么你将一直改变，而无法自拔（完美主义者）；如果你主要是位决定者，那将会吓到自己的另一个发明者角色，因为你会过早考虑各种针对自己创意的批评，你的创造力将不会前进（悲观主义者）；如果你只是一位实现者或行动者，那你对状况的掌握就会不够充分，你会习惯在还未完全考虑清楚的情况下，就开始行动（半调子的万事通）。如果你坚持前三个角色，虽然能创造出美妙的创意，但永远不会被实现。

如果你能够定期问自己以下的问题，也许会有所帮助：

我们过去两年里改变过自己的策略吗？

我们获得新的能力了吗？

我们赢得新的市场了吗？

我们顾客群改变了吗？

我们能以其他方式来提供服务吗？

什么是我们不再需要做的？

我们业务中的关键环节是什么？

我们否定了哪些不太正确，但仍然有意思的建议？

我们在基本需求和处理方法上专业化了吗？

我们专注在自己的核心能力或核心业务上了吗？

现在进行的哪些革新会决定我们企业的未来？

我们调查过了多少业务外的机会？

如果你一直继续走着自己的路，你会错过通往未来的路。我的建议是，你应该像异端一样面对既成的东西，不断求新求变，这样你就能完成身为企业家的第三个任务，并额外找到许多乐趣。如果你以游戏的态度轻松领导自己的公司，员工会喜欢革新的。不要忘记：所有的事都是一场游戏。

任务四：剔除所有多余东西

我们是收藏家，但可惜我们也收藏了多余的东西。我们收藏的愈多，花在重要工作上的时间就愈少。你的企业也一样，总是习惯收藏所有的东西：无用的工作和报告、无能力的员工、绩效不佳的业务单位等，直到你的企业窒息在自己的垃圾中。

企管大师杜拉克（Peter Drucker）说过 ：“生物体有一个体系，能脱离废物，若没有一个持续的排毒体系，就无法存活下去。你要扔掉垃圾。”但一家企业没有能够自动排除垃圾的器官，这个任务必须让身为企业家的你来完成。你不仅要想到自己能改善什么，也必须考虑到：“什么是我根本不用再去做的？”

苏族（Sioux）印地安人早已知道：“如果马死了，就下马。”如果一项策略不能正常运行，就必须更换。如果这匹马已经死掉，那么更换新的骑士也没有用，更不能在其他死掉的马里去找，然后说：“这些也不见得更好。”我不断和那些在这个任务上遇到困难的企业家们讨论，因为他们觉得这么做有违传统。对此，我的回答是：传统的存在不是要保留灰烬，而是要让火焰燃烧下去。

对于这项任务，有两个点子可以遵循。每年都要问自己：今天有哪件事我不想去做的？然后再找个方法剔除掉这些事。

第二，你也可以效仿阿迪（Aldi）超级市场（德国连锁的平价超市）的例子，如果他们取得一个新产品，就会把另一个产品剔除。此外，我们也能在优秀的音乐家身上看到：他们在曲目中纳入新的作品前，会划掉旧的乐曲。他们这样做，是因为他们知道，没有人能驾驭许多出类拔萃的作品。大家虽然可以平凡无奇地演奏许多曲子，但只有少数能演奏得很好。

要知道什么是你该扔掉，什么是该保留的，你必须不断问个关键问题：为什么我要做这件事？于是，这就来到了你的第五项任务。

任务五：保有长远的目光及意义

很多日常问题会吞食掉高远的目光。如果日常业务过于繁忙，重要的事就变得次要。这也是为什么身为企业家的你，不该卷入日常业务中的原因。你的第五项任务，是让企业一直保持在轨道上，但要知道是否偏离航线，你就要置身在外。

我在自己的“勇敢寻找快乐”讲座上，总是不断清楚认识到这种差异。我请所有参加者记下自己所有五个生活领域（健康、人际关系、财务状况、感情／性灵的状况、工作／生命的意义）的年度目标。当我看到关于“工作和生命意义”这一栏时，我马上就可判断出谁在企业里工作，以及谁在企业中以企业家的身份去工作：经理人士记下很多目标，往往一张纸仍不够写，而企业家则很快就写完了，他们只写下一到两个目标。这也正好就是关键所在。

为了不失去关键的愿景和长远的目光，有三件事特别重要：对焦、简洁和距离。

1. 对焦。成功的企业家不仅瞄准焦点，也准备好为此付出代价，为了获得长远的成功，他们宁可放弃短期的利益。成功者必须知道自己要做的，但他也需要知道自己不要做些什么。

企业顾问麦肯锡（McKinsey）这样说：“几乎所有企业都有太多客户和太多产品。”

对焦也意味着拒绝，企业家要有勇气去拒绝。我们已经知道，80%的营业额来自20%的客户，你难道不该把自己的客户群变得更小一点吗？难道你不该在意赢得更多“理想中的客户”吗？想成功的人，就会成功；对焦将可能的想象变成会实现的事实。你的产品也有类似情况：20%的产品为你创造出80%的效益，因此第四项任务在此又显得更重要：剔除多余的东西。杜拉克说：“成功的经理人先做重要的事，而且根本不做不重要的事情。”

2. 简洁。成功的对焦最后会是绝对简洁。只有在完全了解自己的目标，才能避免那些昂贵和危险的复杂情况。只有在思考过后，才能清楚表达，创建简洁的体系。不要忘记：只有简单的东西才能增加；你愈能增加，企业的成功机会就愈大。

简洁有两个重要的优点：首先，能让你创造体系，这能让你提高企业价值。其次，简洁的体系会缩小开销，这样就能提高企业的利润。更高的企业价值和高利润促成企业的成功。简洁存在于一个好创意与重大成功之间。

3. 距离。就算你没有参与日常业务，也会明白，企业任务很快会自行作主，而不是为你服务。你必须注意，不要被任务控制，只有一条可行的路，能让你保持距离，就是创造一段不被打扰的时间。

留出半天或一天的时间，静静考虑如何实践你身为企业家的任务。你需要保持距离，才能保有长远的目光。我的情况是这样的：我每星期有三个下午在办公室，这时我可以和别人交谈。每年有三个月我会住在马约卡，早上写作，每星期里有三个下午别人可以和我通电话两个小时。我计划出“被打扰时间”，这样就能让我有足够的时间，不受打扰地为自己身为企业家的任务而工作。

这里我要强调的是：“不受打扰”。很多脑力工作者，在一天当中往往不断地受到干扰。你必须找出不受干扰的时间，我知道这不容易，即便对我来说，也无法时时刻刻都很理想。但你还有什么选择呢？如果你没有保持距离，又怎么能够保有远大的目光？如果电话不断响起，又怎么能思考有意义的问题？

我不相信我们能避开关于意义的问题。我们渴望这个世界变得更好，我们梦想能拥有一个心灵经济，因此我们要对此安排出相应的事。

任务六：发展退出策略

你能在一年内卖掉自己的公司吗？你能够获得让自己满意的价格吗？99%的企业家不能做到这点。他们并没有拥有自己的公司，而是公司占有了他们。不能卖掉，意味着没有选择；没有选择，意味着不自由。

你的退出策略在于如何让你和公司分开。这种机会不多，你可以完全或部分卖出；上市，然后退出或让后代继承。假设你建立了一项十年后可用的退出策略，但并不意味着，你必须真的和自己的公司脱离关系，然而你能够这样做，代表自由是重要的。第六项任务主要在于你先创造脱离的可能性。

你认为什么时候该开始计划退出呢？理想的时间是在开创企业之前，这样你才能有效确定未来的方向。只有少数有经验的企业家采用了这个建议，不过还有一个次佳的时间：现在。请马上开始吧，企业家的第一到第五项任务会告诉你该做的事，另外还包括一个聪明的财富计划。一个退出策略有以下六点，其中前四点我已经解释过了：

1. 让你的企业不要依赖你。
2. 考虑利润。
3. 保持过程简单，创造出可以增加效益的体系。
4. 剔除一切有害这个简洁体系的事物。
5. 创造出资本化的价值。
6. 累积自己的私人财富。

创造出资本化的价值就是，有系统地让你的公司更有价值。首先，你要定期问自己：什么是我企业里真正有价值的东西？我能够卖出什么？我如何让他们更有价值？

第二，你要问自己：如果我要在年终卖掉自己的企业，价格会是多少？你要努力让这个价格逐年增加。有个简单的策略可以有系统地提高企业的价值：找出一家被卖出、价值比你的企业至少高出三倍到十倍的同行企业。接着注意这家企业，是什么让他们取得成功？他们做了什么事？你能够从中学到什

么？什么是你能做得更好的？

无论如何你应该都要去尝试，说不定你能把这家企业过去的老板，当作你的师父或咨询顾问。他已经卖掉了自己的公司，不再是你的竞争对手。

此外，你还必须累积自己的私人财富。当我和企业家们谈这话题时，常会碰到一个天真的想法，许多人根据如下的“计划”思索或行动：“首先，让我的企业成功，这样我也就富有了。”他们忽略了一个重点：稳固的私人财富对于退出策略来说，十分重要，而且也会影响到企业的成功。如果你拥有私人财富，会让你更容易卖出你的公司，特别是卖个更好的价格。因为你是独立的，也让你取得不可低估的优势。拥有私人财富的企业家，会有三个绝佳优势：

首先，你能决定自己的价格。一位买家很快会觉察到你的经济情况是好是坏。其次，你并不需要卖出。就算出现了你不能够、或不打算经营下去的情况，这也不会对你有太大影响，因为你财富的利息，已经可以维持你所习惯的生活水平。

最后，你能够更加轻易放弃。如果你不依赖卖出的价格，就能轻易签订那些确保你企业未来的合约，说不定你的生命杰作还会保留下来。

我必须再次强调：你要累积自己的私人财富。两条腿可以站得更好更稳，因此你需要创造出一条“私人的腿”，这部分的钱应该和你的企业无关。我常常听到像这样的反对意见：“你总是强调对焦的价值，因此我把钱放在公司里不是更好吗？”我的答案有个重要的不同点，也是身为企业家的你必须学习的：你必须看到企业的本质与企业家本质有何不同。

1. 企业本质。每家企业都在和其他企业竞争，而只有最好的才能生存。如果想要成为最好的，就不能为小事耗费心力。对企业来说，多样化是个错误，不可放弃对焦。当然，每个对焦都会带很大的风险，但如果你想建立一家成功的企业，就没有其他可以回避风险的选择。

2. 企业家本质。在你私人的部分，你应该考虑并分散风险；身为投资者，你没有企业的竞争风险。你愈聪明地分散自己的财富，就会愈安全。因此，你的财富最好是分散到以下三个被严格区分的部分：

1. 你的公司。
2. 你私人的投资财富。
3. 你的奢华财富，比如你所住的房子。

你的奢华财富不能带给你利息，而是需要你支出，也因此这第三部分要合理。只有你的私人投资能直接给你经济上的自由，只有在这里你才处于投资者的领域，不断得到红利。我们可以这样总结：对于你的企业来说，成功的公式在于对焦；对身为私人企业家的你，则是分散。

富人比我们省下更多税

如果你是在企业家的领域中工作，你能比其他所有的领域更快创造出大量财富。但你必须遵守一定的规则，我们已谈过了企业家最重要的任务，最后我想谈谈关于税法方面的问题。

虽然税法的发明，是为了帮助穷人和中产阶级，但实际上，它只帮助了那些内行人。因此我想再次呼吁：找位出色的税务顾问。没有人比富有的人所缴的税款更多，但也没有人能比企业家有更多机会合法节税。也就是说：有义务缴税的人，也就有权利节税。这不是说有某些窍门或法律漏洞，而是基于一个简单的原则：中产阶级去赚钱，然后从赚到的钱里付出税款，再用净收入去投资。聪明的企业家是先赚钱、投资，然后再用剩下的钱去支付税款。

富裕的企业家	中产阶级
1. 赚钱	1. 赚钱
2. 投资	2. 缴税
3. 缴税	3. 投资

这个巨大的差异表明：只有企业家才能从他们的毛利中省下巨大的数额，并加以投资。就像本章开始时说到的，身为企业家，他们要付出一定的代价；而且不是所有人都适合及愿意成为企业家，因此我也不认为每个人都能成为顶尖的企业家。但如果能运用本章所谈到的规则，会比什么都不做获得更好的结果。

对我来说，重要的是不要让自己陷入不快乐的境地。因此请彻底检查，你真正拥有多少企业家必备的特质。也绝对不要只注意到你可取得的物质生活，你一定要先注意，在自己所选的星形图表中的领域里，是否真正快乐。

第十一章 要怎么收获，先怎么栽

伟人不是为自己而活，而是为了别人。

——柴油引擎发明人狄赛尔（Rudolf Diesel）

有句古老格言说：想要赚取更多，就必须先为别人服务。我想说得更清楚些：只有学会了服务，才能在生命里有真正的收获。许多人都想先获取，然后再去服务，但这是行不通的。不管在自然界中，或是人际关系，还是在收入方面，我们必须先播种，然后才能收获。我们不能坐在火炉旁说："这样吧，现在先让我感到暖和，我再给你木柴。"

我们可以从五点来了解服务的概念，理解这五点很重要：帮助同事和顾客、为一件事尽心尽力、支持家人和朋友、改善体系、帮助穷人和病人。我们要再次使用之前提过的星形图表，但这次我们将赋予它新的涵义。这一次不是要看我们能在什么地方赚钱，而是要看我们该为哪些人服务。如果我们只把注意力集中在"获取"上，那就永远无法感受到幸福与充实。我们同样需要这颗星的另外一侧：给予和服务。以下是这五个重点，它们在星形图表的关系如图 11–1。

1. 家人和朋友

2. 同事和顾客

3. 工作

4. 体系

5. 穷人和病人

图 11–1 服务概念的五个重点

领域一：帮助你的同事和顾客

首先，你应该在工作中帮助别人：你的客户、同事和公司。服务并不是毫无热情且卑微地去做所有“低等的”、别人瞧不起的工作。服务意味着帮助。

去服务，并不是说要自动去做别人希望你做的事。有时候，以一种让别人感到不舒服的方式帮助别人，也很重要；而帮助也不是意味着去做别人能自己做和应该做的事。重要的是，我们绝不能认为自己的帮助会让人瞧不起。如果需要，我们可以清理餐具、搬动家具，或是加班。没有任何工作是不重要的，所有值得去做的事，也都值得去做。只有那些小心眼的人，才会觉得有不重要及琐碎的小事。

你要有动机，让客户喜欢和高兴。为别人服务的人，并不会成为一个侍者，而是一位国王。你的收入，实质上是别人对你的感谢，如果很多人对你表达感谢，那么你赚到的也就会很多。他们对你说谢谢，是因为他们感受到你杰出的工作成果。请你注意这一点，让更多的人感谢你。

领域二：为工作尽心尽力

我们应该准备好为一件事去工作：为一个项目，一个任务，一个创意。还没有学会暂时把工作看得比自己重要的人，也就会错过很多重要的事，当我们为一件比自己更重要的事工作时，就更能成长。如果我们保持谦逊的态度，就能让自己成为更好的人。大家不要一直在意自己的得失，只要一起在团队中为目

标奋斗，就会达到最好的结果。

那些不能、也不愿意保持谦逊的人，往往会过于以自我为中心。这些人往往认为，整个地球和人类都应该绕着他们转动；如果他们看到一个地球仪，就会马上找出自己在什么地方，他们目光十分短浅。太看重自己的人，无法服务别人。只要我们能了解到，自己只是一场大型游戏中的一部分，那么我们将会更为谦逊，而谦逊正是服务别人的前提。我们是自己生命中的主角，但在这舞台上的其他配角，同样也占了很大一部分。

领域三：支持你的家人和朋友

如果你爱你的家人和朋友，你就会给予支持。你怎样才能完全明白，生命中有个重要的人，你能接纳他的自由，也相信他的潜力？

家人和朋友付出的爱，就是时间；这是一种高质量、可以利用的时间。如果你只有很少时间，那就不能无限地分配给许多人。如果你试图这样去做，最终没有人会感到满意，这也就是为什么我们不能有许多真正朋友的原因，但你可以去支持特定的人，给他们扩张视野的礼物，和他们一同分享你的知识，和他们谈有意义的话题。例如，你可以和朋友们一起谈论如何“为己加薪 20%”。对你所爱的人，你也不该一直让他们感到舒服，支持并不总是会让人感到舒服的——不管是给予支持的人，还是接受帮助的人都一样。

领域四：帮助穷人

法国大革命的口号是："自由、平等、博爱。"众所周知，自由和平等是对立的，且互相排斥。人愈自由，平等就愈少。同样地，人愈平等，就愈不自由。

国家不能解决这种对立，只能妥协：有时牺牲一点自由，有时牺牲一些平等。没有一个体系能解决这个冲突，不过也因为如此，才会有其他需求，因此要有博爱来跨越这种对立。我们的世界在不自由与不平等之间摆荡，只有在我们注意别人时，世界才具有生命价值。大家应该多关心其他人，不让他们生活在没有尊严的情况里。贫困不是穷人的事，而是所有人的事！

我们多半被包围在家庭和朋友圈中，或许不会陷入生活危机；我们就像生活在一个蚕茧里，受到保护。对于真正的贫穷，我们只是稍微注意到，但我们不该视而不见，这很重要。这世界上有太多的痛苦，我们不能说："这不关我的事。"避谈贫穷的人，看不到日常生活中的事件，因此会轻易改变标准。

举个例子：你是否在曾在旅行中弄丢了行李？这种感觉很糟，那些让你看来光鲜亮丽的衣服居然全都弄丢了，而保险的赔偿又低得可笑。谁能补偿你重新购买这些东西的时间？这次旅行几乎就这么泡汤了。

可是，你知道有多少穷人愿意立刻和你交换位置吗？对他们而言，我们的问题简直是个嘲弄。对于那些没有食物、可能还生活在寒冬的难民，一只在旅行中遗失的箱子算得了什么？那些还处在饥饿中的人听到，肥胖是“文明”世界中的一大问题，又会作何感想？

我们身处于这样的世界：每分钟会有二千五百万美元花在武器上，每分钟也有四十个孩子死于饥饿。一个拥有财富，却只注意到自己的人，就像有人爬上梯子后，就马上把梯子丢掉。你不能不注意到贫穷，因此请思考一下，是否可以把收入中的10%捐给他们。我敢保证，你拥有的不会更少，反而会因此更富有：不仅是幸福，还有物质上的东西。我无法解释，但这是真的。请你尝试做那些适合你的事：帮助穷人、照顾病人、陪伴面临死亡的人。这会帮助需要帮助的人，也会改变你自己。

领域五：改善体系

也许你会问：“我该如何改变这个体系？我一个人能做什么？”也许你会觉得自己无能为力。

以前有位拉比（犹太教的牧师），名叫祖亚（Zuzya），

他一辈子都在抱怨没有像摩西一样的才华和魅力。有一天，上帝告诉他："在天堂里，我们不会问为什么你不是摩西，我们会问为什么你不是祖亚？"改变的秘密在于，别专注在你做不到的事，而是专注在自己做得到的事。孔子说过："与其不断抱怨黑暗，不如点燃一支蜡烛。"

如果你努力过，却没有多大改变，也不要因此气馁。因为只有在你改善了生命或一个人的瞬间，你才能接触到伟大。谁能算出一瞬间快乐的价值呢?

其次，我们也对一个行为的真正影响力认识太少。我们会逐渐察觉一切是如何相互纠结，体系是由许多小部分构成的。我们还无法清楚解释这些部分如何相连，但随着科学不断发展，愈来愈多的关连也就愈加清楚。我们能算出苹果里有多少种子，但我们不知道一粒苹果种子会长出多少苹果。如果你把两把吉他放在一起，拨动其中一把的E弦，那另一把的E弦也会同时振动，大家称这为"共振现象"。拨动你的E弦吧：一个微笑、亲切的态度、赞美、鼓励、希望、信任，一切不会徒劳无功的。如果你真心去说、去做，别人的心也会起反应的。

你要如何改善这一体系？你可以为我们的环境做些事，给予更多的博爱和热情，例如为动物，为学校体系，为公平的机会。你能辅导一位失业者，和他谈论这本书的内容，这里有无穷的工作可以做。倾听自己的心声：你心里最在意的是什么？什么会满足你的热情？你的任务何在？就像之前所说那样：有无数的机会可以帮助别人。你会在本书的附录里，看到有关我们基金会的资料。

超级点子

帮助别人，改善我们的世界。

不要浪费在细微末节上。专注在一个计划上。

就算你出于善意去帮助别人，仍然要聪明行事，对准目标。就算你想帮忙，也要选择并计划目标，好好管理时间，和有相同心态的人一起工作，分配任务，安排一切。

把你的帮助计划视为企业，像企业家那样工作。

本书写到的所有东西，也适用在你的社会参与上——但有个例外，你不能想为自己赚钱，必须是为别人。

一个人拥有财富，并不是一件坏事。不好的是，财富拥有了这个人。如果你继续付出自己的一部分，就不会被任何东西占据。

人人的机会均等

公平指的不是所有人都该得到相同的东西，因为每个人的需求都不同。公平指的是，所有人受教育的机会应该是均等的，所有的孩子都应该有相同的机会，发挥他们个人的特性。公平需要所有人对教育的投资，我们必须接受，一些投资比其他的

投资更易利用。在法律上，每个孩子都有受教育的权利。

孩子是我们最大的财富，也是我们的未来。我们应该给他们公平的机会。我们在今天给他们知识，而不是明天的救济。如果我们积极改善周遭人们的生命，就能够发现生命的意义。

第十二章
休闲时间与平衡

如果你希望过某种生活，你现在就能这样去生活。

——奥略 (Mark Aurel)

想象一下，你遇到了一位仙女，可以许下三个愿望。你会许什么愿？在童话故事里，大部分人的前两个愿望都是胡说八道，必须要靠第三个愿望来改正错误。在实际的生活中，不也常是这样吗？你曾经许下什么愿望，而直到最后才明白，这个愿望并没真正让你快乐？有时候，我们还要竭尽全力，才能改变自己创造出来的情况。而且，有时高额的收入不也会带来这种后果吗？

很多人对现在毫无期待，却对未来充满幻想。他们很少在休闲的时间中呼吸新鲜空气，几乎所有时间都埋在工作里。在20世纪90年代年代，长时间努力工作还被视为英雄般正确的行为，被认为是通往成功之路的保证。但是今天，愈来愈多人认识到，工作并不是全部。如果一个人总是在工作，会被别人同情。我们知道，重要的是在努力工作和享受多姿多彩的生活间找到正确的平衡。工作和累积财富只是一半生命，家庭、朋友、文化、读书和学习、乐趣、休息、运动和放松，也是同等重要。

工作狂总是将工作摆在第一位，如此持续下来，是个可悲的景象。这种瘾就像摄入过量的酒精、毒品、药物或相似的东西，如果一个人总想逃避，就会有某种瘾癖，而其后常常躲着无能，怕无法发展丰富的人际关系。慷慨地花时间在你的工作上，但不要毫无节制；要留足够的时间给自己，绝不要牺牲和成功生活有关的时间。工作属于深度的快乐，但工作之外的享受也是如此，不能牺牲一者来增加另一者的时间，真正的成功只在你能成功地调和工作和私人生活。

休闲时间和工作两者都有自己的价值，也都应该在你生命中占有一席之地。真正的幸福需要两者兼顾：在工作中感到充实，并获取更多的收入，还有休闲时间和充分享受这段时间的能力。休闲时间里的快乐和充实，甚至会帮你在工作中获得成功。当你有了高收入，你的休闲时间也应处在一个较高的层次上。

不要将今日抵押给未来

工作狂总认为自己很有效率，但这是一个代价昂贵的错误，他们总是在冲刺阶段工作，事实上这消耗了企业更多的金钱。负面的压力会让他们犯错，让他们忘记重要的事，让他们一直注意小节，错过了重要的决定。

辛苦工作只会得到中等成绩。巨大的成就来自快乐之中，只有在工作中感到充实的人，才能够做出杰出的成就。在日本，过劳死在死亡原因中排名第二；在德国，具体的数目还不清楚，但也相当高。我父亲就是这样：他总是一直在工作。当他生病时，比以前工作得更辛苦，结果不到四十八岁时，他就不幸逝世。

其实我早就已经得到警告，事实上，我几年前也落入了同样的陷阱。当我刚开始决定当位演说家时，起先还难以获得一千五百美元的酬劳。一年后，我的演讲酬劳每天已高达一万五千美元，几个月后到了二万美元，很快又到了两万五千美元。在那个时候，我没有掌握一个重要的诀窍：说不。

我沉迷在新的成功里，且来者不拒。但是谁又知道，在许多人面前说话，需要全天候的身心投入，而且是日复一日。同时我还要经营自己的企业、写书，这些都需要付出大量精力。

但那时候，我很健康，做很多运动，有无尽的精力，并且相信自己在为听众做很多有益的事。我每天工作十六个小时，只睡三到四个小时。后来当我得了肺炎时，其实已必须停止这种生活，可是那个时候，我已经把剩下的半年时间排定了，也不想让讲座里的成员们失望。我当时缺少的勇气就是放弃，很快地，我就气力耗尽，而后来留下的后遗症也让人相当难受。

好几个月之后，我的身体才逐渐康复。我要警告你：工作狂热、殚精竭虑及过度的压力，都是无意义的。就算一个高收入的人，也不能将今天抵押给未来。我从中学到了一个简单的哲理，也是一个自我保护的方法：工作过度，就是不爱惜自己。这样的人对自己失去兴趣，就是这么简单。你要学习对自己好一些，给自己一些东西。我不只警告你会因过度工作而得病，我也希望你能记得，很多真正重要的宝藏是在工作中找不到的。

理想分配时间的步骤

长期辛苦工作的人，只为了想赚更多钱，但这样并无法真正变得富有。那些牺牲掉的休闲时间，价值必须从更高的收入中扣除，而且常常比所赚取的经济收入还要高得多。如果你只为赚钱而放弃了休闲时间，就不可能获得真正的富裕。真正的富裕意味着能力，能从少变多，而不必付出相同程度的牺牲。

本书并不是要指导你增加工作的时间，而是提高你的工作创造力，真正的成功意味你能获得更高的收入，但工作时间却和以前一样，甚至更少。

真正的自由并不是工作的自由，而是工作中的自由——也就是有足够的时间去思考和讨论。信息时代中，秘密即在于如何避免工作过多而筋疲力竭。如果你不能拥有均衡的生活，那么本书里的所有建议都毫无意义。

因此我想迫切呼吁你，为自己定下理想的工作量及工作时间，并像做工作计划那样，去计划你的休闲时间。以下这些重要的步骤，帮我找到理想的时间分配，也许也能对你有所帮助。

1. **了解内心的罗盘。**我知道自己要的是什么。你在第六章看到的练习，是我们的讲座“勇敢寻找快乐”中的一部分。我每年用这个讲座为自己复习一次，知道什么对自己来说是重要的东西（效率），而多半的人只专注在正确去做这些事情（效益）。我们要了解内心的罗盘，这样我们才能知道往哪个方向前进。只有在我们清楚知道哪种活动是正确的，才会有意义，并让自己变得更好。

2. **好的计划。**我常用好几天的时间（在旅行中）来计划自己的一年，我每星期的计划也需要大约四十五分钟来准备。因为我只想在一定的时间里工作，也只先定下最重要的活动。此外，我还为每天的突发事件空出时间。当然，我也计划自己的休闲时间，而且总是最先去做。

3. **委派。**我有一些很好的伙伴和同事，他们每个人都做着让自己快乐，同时也符合自己能力的工作。我只去查核利润，注意创造体系，完成自己身为企业家的任务，而不介入公司里的日常业务。因此你需要尽可能地把工作委派给一个与你的能力相当，甚至更好的人。

4. 全神贯注。我学会让自己完全专注在目前的工作上，我的思绪不会因为一些小事被打断，因此我能很快就能达到目标。这归功于两个重要的东西：首先，我每天都会沉思，这能让我完全专注；其次，我会在每两小时后，休息二十分钟。在这段时间里，我能完全恢复体力和精神。休息的诀窍在于，当你疲劳、无力或感到压力之前，就先让自己休息。我极力推荐你运用这个方式。

5. 帕雷托 80 / 20 法则。你工作中 80%的成就，是在 20%的工作时间里完成的。如果我们专注在 20%的工作上，那就不会缺乏时间。我们可以把工作时间分到非常不重要的和不太重要的事上，如果我们不专注在重要的事上，就会出现复杂无比的事。

在我正确的了解帕雷多定律前，我总觉得自己没有时间。今天我知道，我并不是缺乏时间，而是任意乱用了时间。我们时间里的一小部分，要比剩下的所有时间更有价值。

如果你真的用了帕雷托定律，你就会知道：有限的改变是不够的，我们更需要一次时间革命。我们必须不断质疑自己所有的时间计划，问题的开端可能是：什么是能交给别人去做的？我今天最后一次自己做的事是什么？在我的工作中，创造

80%成就的 20 %时间在哪里?

帕雷托定律最有趣之处在于：在关键的 20 %中，你可以再次划分出 80 / 20——一直区分下去，直到我们不再需要为止。很多人害怕一旦委托别人，那么这 80 / 20 的定律就让自己变得多余，可是成功人士都希望自己成为多余的人。他们知道自己一直可以找到推动企业前进的事，也希望找出让自己满意的路，成为自己企业成长的创造性力量。

休息是为了走更长远的路

这当然不是叫你要懒惰。正好相反，这会帮助你更加有效益，特别是更加有效率地工作，而且也会帮助你在自己的生活中保持正确的平衡。

你既不能让工作耗尽你的休闲时间，也不能让休闲活动耽

误你的工作，你需要的是一以贯之和纪律。接纳我对休闲时间建议的人，也就该有个坚定的工作纪律。例如，我每天早晨准时坐在桌前开始写作，每个星期五天，而且是每天早晨。一本书必须一页页地写，再也没有比每天早晨准时开始写作更成功的方法了。

你必须知道什么时候休息对自己比较好，也必须知道什么时候该专心工作，这两点都需要你的计划和维持计划的纪律。如果你是独立开业者，你需要的便不仅是纪律，而是铁一般的纪律。现在大家应这样看待纪律：事实上，我只在一定条件下相信纪律，我更相信的是热情。如果你找到让自己充满热情的东西，你会为自己对这份活动不断感到新鲜而高兴。你不太需要再去强迫自己，大部分时候是带着快乐的期待去工作，就像休息够了以后去工作一样。我99%的工作都能带给我快乐，而且我相信每个人都应该如此。

当然，这也不是一件简单的事，对此需要一些基本的判断能力，而这也只能在你找到了本书重要问题的答案后才会出现，接着你就致力于自己的力量和兴趣。

多赚20%，还是赚上100%？

我们已经谈过星形图表的所有领域：你未来将在哪个领域

工作？这样我们又回到了本书开始就已提到的两条路。我并未强调每个人都能成为高收入的人，主要因为并非每个人都准备好付出代价。但如果你自觉地选择了以下两条路的其中一条，并按照本书的规则去做，那你肯定会比什么都不做有更好的结果。我在此保证。

现在你需要从这两条路中选择：你只是想多赚 20 %？还是想多赚 100 %？

如果你只想多赚 20 %，那么你就不需要做得太多，但还是必须做些事。从今天开始，你每天都写下自己的"成功日记"，在上面记下你所有的成功事项。如果你想要留在员工的领域，那你就要朝着加薪的目的工作。如果这在你的公司结构里不可行，你就要在下个星期前开始找一份兼职。此外，如果你要开始考虑自己的定位，而且也采纳本书里的其他建议，那么你将有可能多赚超过 20 %，而且是在一年之内。

此外，你都应该把多赚到的钱，拨出 50%到你的"省钱账户"，那么你将慢慢地成为一位投资者。你想要多赚 100 %，就需要很大的改变。你必须增强自信，而且要尽量常常记录你的"成功日记"。如果你是位员工，就必须以专家的目标来定位自己，或是必须完全转换到星形图表的另一边。就算你已在星形图表左侧工作，我在本书里所描写的激进步骤也相当重要。无法想象的高收入，不是靠一点小转变就能实现的，而是要在你的生活中掀起一场革命。小的改变只会带来小成功，只有巨大的转变才会创造巨大的成功！

这些描述出来的步骤需要的是勇气，和真正想要改变的渴

望。对于这一点，我听到了以下的不同意见：

我不相信会这么简单。

我的伙伴不会参与。

我不能冒这个险。

我缺少能力。

我需要更多的钱。

简而言之，这些不同的意见可归纳如下：“我想要这个报酬，但不愿付出代价。我很想得到更多收入，但基本上我十分满意现况……。”

请你好好想想，一场革命最终就是一场革命，既危险，也不舒服。不是每个人都能准备好去面对的。你必须承担风险，踏上新大陆，帕雷托定律的最后结论是：我们80%的幸福，出现在我们20%的时间里。这难道不是一个我们必须改变的现状吗？如果为一些次要问题而伤脑筋，或只做了稍微有效的时间管理，那么都是毫无意义的。如果我们真的只利用了20%，那我们就必须改变很多：基本上差不多是全部。只要我们没依循新规则生活，就是在浪费自己的时间，因为并不是辛苦的工作会带来成功，而是一些重要规则的转化。所有一切来自一个自觉的决定，只要你没做出决定，你就不会改变。

在你决定之前，你必须问自己一个基本问题：我对生活抱有什么期望？

超级点子

花一段时间去想一下自己真正想在生命里得到什么。找一个安静的地方,做一下第六章的练习,回答下面的问题:

我已拥有我目前需要的所有东西吗?

对我的家庭来说，我的生活方式是正确的吗?

我是否生活在一个正确的地方?是否和正确的人在一起?

我经常旅行吗?

我是否找到理想的工作节奏?

我能随时做运动、放松并审思吗?

我经常感到轻松愉快吗?

我的工作是否对我来说轻松、有创造性，而且能发挥我的潜力?

我的工作是否给我带来疯狂快乐，并符合我的能力?

我是否已有足够的钱，可以无忧无虑地生活?

我能丰富别人的生活，如我所希望的一样吗?.

我见过够多对我来说真正重要的人吗?

你要注意，不要再碰上上述问题。也许你需要时间去记下所有让你的生命快乐的事，你可以把这叫做你的快乐岛，然后你可以写下所有的不快乐岛——所有不好的事。但不快乐岛并不只是唯一的问题，大部分的人都不在这两个小岛上，而是在

一个还算满意的大片无人之地。不要让自己待在无人之地，你要有目标地增加自己的快乐岛，这不仅是为自己，也是为了别人。如果你不快乐，也会让你周围的人扫兴，所以尽量让自己快乐，这是你的积极义务。创造你真正想要的生活，这值得走上颠簸的路，并冒些风险。

三件必须做的事

如果你选择了第二条路，想要赚到更多，那有三件事必须去做，你必须：

提高你的要求。

拥有新的信念。

使用新的策略。

你已在本书找到了新的策略。如果你能和成功的高收入者来往，要获得新的信念将非常容易。每天学习和成长，并绝不满足于小成就的人，会尽其所能地做到最好，接近这种人，会是你所得到的最佳礼物。

当然，不是每个人都想看到你成功。“小人物”当然感到不安和担心，他们视成功是种威胁，也会劝你不要改变自己。这种人虽然强调他们不相信你能改变，但事实上，是他们不相信自己。无论如何，不要走回头路，要为自己的生命要做出重要决定，并加以实现。要激励别人，帮助他们。让自己周围的人能注意到，他们也能按照新规则来生活，经由这种方式，在工作中找到更多满足。

这样做有三个理由。第一，如果你周遭照着本书原理生活的人愈多，对你自己来说，也就愈简单容易去实践。其次，当你告诉别人这些规则时，你自己也会不停地回想那些对你来说重要的事。最后，如果你能帮别人完成重要的正面改变，将会得到难以置信的快乐。

为你的工作镀上一层金

我希望本书能让你去思索，你对自己的生命有何要求。你努力想得到工作上的满足，就不要在工作上妥协。如果你的工作遭到挫折，你也不可能用休闲活动来补救。如果你一只手放在滚水里，而另一只手插入冰块中，无论如何平衡，你仍是不会感到舒服。不在意工作上的满足的人，就不能完成原本可以完成的工作。你如何利用机会？目前为止，你真正利用过机会的百分比是多少？25%？47%？如果你不改变方向，你真的能到达自己绝对要到达的地方吗？请诚实面对自己。

生命是趟旅行。如果你面对生命的可能性，它就能带你走向你从未梦想过的地方，你会发现梦想之外的东西。

也许你的收入不会成直线陡峭上扬，你会在路上经历挫折、怀疑和打击；一些难题会在不适当的时候发生，会从你从未见

过问题的地方袭来；你也可能遭遇到相当痛苦的事。但这些都很正常，生命不是一个舒服的抱枕。

这些打击不是跟随你一生的咒语。每个人都经历过。你要看到你生命之屋中的门窗，如果你穿过这些开口，就会来到一个更高的层次。我们梦想的人生之路，看来只能经由挫折，也会有些你没有进展的时期，你会觉得自己静止不动，没有任何变化，但时间却在流逝。这些时期是完全正常的，也属于“体系”的一部分。就像在登高时，你不时会来到一个高地，就算你的收入没有明显增加，但你的内心却成熟了。这些内心成长的时期相当重要，你要利用它们来学习，准备迎接下一个挑战。有了这种想法，你就能学习爱上高地。

想象一下，你遇上了一名金牌得主，他问你：“你生命中的金牌在哪里？”请不要忘记：生命短暂，不能微不足道。你能拥有一切——安定、快乐、高收入、声望、足够的休闲时间和意义。如果你想要，将不会是个童话。

你还觉得这不可能吗？现在，面对伟大的目标时，几乎都是这样，我们起先以为绝不可能达到。一段时间过后，我们明白这并不是不可能，但还是不敢肯定：我们的经验、自己所处的情况，有太多阻碍了。要到最后，我们才完全清楚，所有经历过一切，事实上都无法避免，因为这早在我们的内心深处。这些都从寻找你热爱且符合你能力的工作开始。我希望你对自己的工作能不断地保有热情，如果你找到了自己真正向往的，那么你的工作就镀上一层金了，你会拥有一个没有任何人能夺走的金牌。

你要知道自己有、别人没有的优点。你心中的火，你的热情，会是你最大的优点。如果你已踏进天堂，就不要再回到尘世中。我衷心期望你一生都热爱自己的工作。

谢词

在黑暗中，有一盏灯尤其显重要有用，但这些灯往往在我们最需要的时候熄灭，从我们的生活中消失。有些想融入无比的黑暗中，但有的在暴风雨来袭时，也会立即熄灭。

我曾经度过那种风暴的日子。好处在于，我能知道哪些是当我成长陷于困难时不会消失的明灯。当我回顾时，我这一生拥有这些人的关爱、信任和友谊。

我感谢一直支持我的母亲和我的妻子麦蒂（Methi），她们让我的每一天成了奇迹。

此外，我要感谢霍夫曼和堪培出版社专业和充满启发性的工作团队，她们为作家创造出一个天堂。和他们合作非常奇妙，也有无穷的乐趣。谢谢。

附录一

让生命满足的 21 个问题

1. 你小时候想成为什么？什么活动可以满足这个需求？（我曾想成为印第安人，因为我向往冒险和自由。）

2. 请你想想：谁没有你所有的能力？

3. 什么经历是你独有的？什么让你与众不同？每个能力就像电话簿里的号码一样：个别的数字在全世界会出现数百万次，但不同的组合决定了独特性。你是如何组合起来的？

4. 别人让你感到惊奇之处在哪里？歌德说过：“从别人的个性和能力中，我们烙印下自己。”那些我们从别人身上看到的东西，让我们发现自己潜在和希望发展的能力。

5. 你每天会做许多有快乐结局的白日梦吗？请写下你梦到的一切东西。

6. 问问自己：在我的生活中，什么时候我感到最满意？什么时候最不满意和最不快乐？研究一下，为何如此？

7. 如果我们感到舒服，是因为我们的需要得到了满足，想出三个让你觉得很舒服的情况。为什么你会觉得舒服？如何满足你的六种需求？

(a) 安定和舒适

(b) 变化和冒险

(c) 独特和意义

(d) 爱和联系

(e) 成长和学习

(f) 赋予和区分

8. 你七年后的日常生活（工作和休闲时间）是什么样子？请你尽可能仔细记下。

9. 你如何想象工作？你想从中获得什么：钱、自信、人际关系、社会地位、学习和进步的可能性、挑战、安定、乐趣、自由、提供帮助的可能性、实现自我、发现局限、团队精神？

10. 哪五件事是你一定要在自己的生活中完成的？

11. 列出你生活中的所有人物（父亲、母亲、朋友、孩子、姐妹、兄弟、同事、师父、邻居等），哪些人对你最为重要？

12. 你周围有些什么样的人？他们对你有什么样的期待？你有受到这些人和他们的期待影响吗？

13. 你会知道，如果你没经历过曾经经历的事，你会和现在完全不同吗？再想一想：是什么让你与众不同？

14. 和你最好的熟人和朋友坐下来，问他们：你能做好的是什么事情？

15. 你清楚自己的价值：写下五个和你一直有接触的人的名字。问问自己：他们是怎样看我的？是什么让我在他们眼里显得有价值？

16. 你最喜欢和谁一起工作？为什么？你不喜欢和谁一起工作？又为什么？哪些你认为有重要意义的事，会让这些人感到有意思或不予理睬？

17. 为了找出真正重要的东西：写一份自己的讣文。里面会写些什么？

18. 记下对你来说重要的价值。试着找出你生活中最重要的十到十五样价值，并按重要程度排列，以下是份可能的清单。

信任	提供帮助	
理解	感激	
忠诚	谦虚	
尊重	恭顺	
热情	健康	
坦率	乐于助人	
诚实	活力	
爱	高兴和快乐	
温暖	和平	
愉快	不断学习和成长	
乐趣	纪律	
安定	安定性	
发展	沉着	
支持	耐心	
挑战	冒险	

创造性	成功	
美丽	智慧	
魅力	专注	
灵性	义务	
自由	经济宽裕	
财富	自信	
满意	引起变化	
改变环境	好身材	
警觉	放松	
富裕意识	公平／秩序	
正直	影响力和权力	
家庭		

19. 你能想起一个让自己尽情发挥自我价值的工作领域吗?

20. 以下的练习需要花上一个多小时，但我可以保证，这绝对值得。如果你投资了这一小时，你会更加了解自己，而且会感到一股深沉的平静（这个练习我每年重新做一次）。

想象一下，你亲眼见到自己的葬礼。许多人前来吊唁，表达他们对你的热爱、认同和尊敬（如果葬礼的画面让你感到难过，你可以改变场景，例如许多人来庆贺你八十五岁或九十五岁的寿辰）。照惯例，应该有四位演说者，每个人会说出你生命中的一个特点：

第一位来自你的家人：你的伴侣、父母亲、兄弟和姐妹，他们会怎么说？

第二位是你最亲密的朋友：你是一个什么样的朋友？

第三位是你的同事：你如何工作？有何成就？

第四位来自社会领域：你为何参与？你曾帮助过谁？你在哪里做过好事？

21. 歌德说过："愿望是我们的能力先兆。"找出你真正想要的是什么？这非常重要。请写下来，五年后你想：

(a) 成为什么。

(b) 做什么 。

(c) 有什么。

不要想那是否实际，至少你的想法和纪录可以超越一切。再说，谁又知道未来会如何？

如果人们认真试着辨认他们的生活中会出现什么，他们是谁和想做什么，那就会变得特别虔诚，也特别自由。

附录二

退款保证

如果你按部就班照书中所说去做，你的收入将在十二个月之内至少增加 20 %。不管你是独立开业者，还是员工。

如果没成功，你可以将本书寄回出版社——你会立刻获得退款。只需出示购书发票和相关证明（例如你连续两年的收入证明，和一份由你的税务顾问出具的书面说明），证明你的收入在购买此书后，没有增加至少 20 %。

上述文件、证明及书请寄到：

JUSTITIARIAT DES HOFFMANN UND CAMPE VERLAGS

POSTFACH 1304444

29139 HAMBURG

附录三
博多·雪佛基金会

我们相信，孩子是我们的未来。每一代人都为我们的世界带来一次新机会，我们可以创造缤纷的世界。

我们国家里，还有很多孤儿和社会孤儿（有父母亲，却没得到他们的关心和教育）。在我们这里，未来的文盲不是不识字的人，而是那些不知道如何学习的人。我们想帮助这些人，特别是孤儿。我们会提供资金，并介绍相关师父：在生活上成功，能指导这些孩子的良师。良师可以做到机构和学校做不到的事：赋予孩子自信。我们的目标是在给这些孩子一个符合他们能力和觉得有趣的教育机会。我们教育这些孩子去帮助世界上真正的贫穷地区，例如一个德国的孩子帮助一个在印度的孩子。

如果你觉得这个想法不错，也愿意出一份力的话，请写信到以下地址：

KINDER UNSERE ZUKUNFT
GIERATHER STR：247
51469 BERGISCH GLADBACH

基金会不断需要资金、良师和能提供帮助的人。

传奇理财师32岁变百万富翁的秘密，法国第一理财书，风靡20国，启蒙薪水族、蚁族自食其力成功致富

〇法国亚马逊书店理财类图书第一名，法国最著名的理财师之一。

〇8个语种疯抢版权，全球发行20个国家，改变百万读者的“财富人生启蒙书”。

〇“三次被退学的穷小子”32岁成为百万富翁后说出“人人都能成为有钱人”背后的秘密，这些秘密学校里绝对不会教你！

〇法国版《富爸爸穷爸爸》财务自由启蒙书风靡全法。

〇“现在法国人都在讨论《人人都能成为有钱人》。” ——法国《理财家》

账单，房租，贷款，缴税，信用卡透支，父母养老退休金……所有这些压得你喘不过气的问题，都需要你致富才能解决。而本书作者塞邦，一个普通人，在本书中将告诉你他的致富之道，全球有20个国家的读者正在与你一同阅读塞邦的财富十堂课……

23岁创业，32岁成为百万富翁，35岁提前退休，草根出身却终成为法国最著名的理财师之一，这个让法国人深深着迷的法国传奇理财故事，激励着人们通过致富改变着自己的命运。他在这本风靡20国的畅销书中用自己的亲身经历向我们讲述了课堂上学不到的理财之道。